Herrmann · Karl Friedrich Zöllner

1 Karl Friedrich Zöllner (8. 11. 1834 – 25. 4. 1882)

Biographien
hervorragender Naturwissenschaftler,
Techniker und Mediziner

Band 57

Karl Friedrich Zöllner

Dr. rer. nat. Dieter B. Herrmann, Berlin
Direktor der Archenhold-Sternwarte

Mit 14 Abbildungen

BSB B. G. Teubner Verlagsgesellschaft · 1982

Herausgegeben von
D. Goetz (Potsdam), E. Wächtler (Freiberg), I. Winter (Berlin),
H. Wußing (Leipzig)
Verantwortlicher Herausgeber: H. Wußing

ISBN 978-3-322-00588-5   ISBN 978-3-322-82219-2 (eBook)
DOI 10.1007/978-3-322-82219-2

Gesamtherstellung: Elbe-Druckerei Wittenberg IV-28-1-495
Bestell-Nr. 666 086 4

DDR 4,80 M

Vorwort

Die Astronomie hat seit den Tagen des Copernicus eine relativ geradlinige und folgerichtige Entwicklung genommen: In der ersten Phase nach der revolutionären Hypothese von der Mittelpunktstellung der Sonne im Planetensystem wurde die Lehre des Copernicus gegen wissenschaftliche und ideologische Angriffe verteidigt und ausgebaut. Dieser erkenntnisreiche Abschnitt endet im großen und ganzen mit der Entdeckung des Gravitationsgesetzes durch Isaac Newton, nachdem zuvor Johannes Kepler und Galileo Galilei und andere Gelehrte bedeutende Voraussetzungen für die Begründung der Himmelsmechanik geschaffen hatten. Daran schließt sich eine Epoche der Entwicklung himmelsmechanischer Methoden und immer genauerer Positionsbeobachtungen, die zu einer Fülle von weitreichenden Entdeckungen führten, darunter auch zahlreichen praktisch bedeutungsvollen. Kalkül und Beobachtung entfalteten sich aneinander und unter Nutzung der Möglichkeiten, die durch die frühkapitalistische Produktion für die Herstellung von Beobachtungsinstrumenten entstanden. Die Erfolge der Astronomie auf dem Boden der Himmelsmechanik waren so gravierend, daß mechanische Gesetze als Prototyp von Naturgesetzen schlechthin erschienen, was im mechanischen Materialismus philosophisch verallgemeinert wurde. Der Astronomie selbst fielen in der Sicht ihrer Repräsentanten Aufgaben zu, die als „ewige" Ziele angesehen wurden, obgleich sie in der Realität nur zeitweise galten. Ihren klassischen Ausdruck fand diese Auffassung in den Worten von F. W. Bessel:

Die Astronomie hat keine andere Aufgabe, als Regeln für die Bewegung jedes Gestirns zu finden, aus welchen sein Ort ... folgt. [1]

Auch Gauß schrieb der Astronomie ausschließlich die Erforschung solcher Gegenstände zu, die einer mathematischen Behandlung zugänglich waren, wie Größe und Gestalt der Himmelskörper, ihre Entfernungen und Bewegungen. Demnach galt die Frage nach der physikalischen Beschaffenheit der Himmelskörper, ihrer Entstehung und Entwicklung als spekulativ, die zudem unter dem Einfluß agnostizistischer Philosophen von vielen Fachgelehrten ohnehin für unaufklärbar gehalten wurden.

Den großen Einbruch in diese einseitige und beschränkte Auffassung von den Zielen astronomischer Forschung führte um die Mitte des 19. Jahrhunderts die Astrophysik herbei. Von einer kleinen Zahl enthusiastischer Gelehrter mehrerer Länder vorbereitet, führte die Astrophysik in einem relativ kurzen Zeitraum zu einer sichtbaren Verlagerung der Forschungsschwerpunkte und zu einer Ausweitung unseres Wissens über Prozesse im Kosmos ohnegleichen. Das Eindringen ursprünglich nichtastronomischer Untersuchungsmethoden in die Erforschung der Himmelskörper kann ohne Übertreibung als ein Qualitätssprung von historischem Ausmaß bezeichnet werden.

Die Herausbildung dieser neuen Forschungsdisziplin, die letztlich auf eine fortschreitende Physikalisierung der Astronomie hinauslief, war ein mühevoller Prozeß, der sich vor allem im Widerstand gegen etablierte Auffassungen entwickelte. Zu den Pionieren, die dabei in vorderster Front wegweisend tätig waren, gehört der deutsche Astrophysiker Karl Friedrich Zöllner. Seine widersprüchliche Haltung zu zahlreichen Fragen der Wissenschaft und Philosophie, seine Hinneigung zu Spiritismus und seine unsachliche Polemik mit verdienstvollen Gelehrten seiner Zeit hat eine umfassende Würdigung seines Werkes lange Zeit verhindert. Die vorliegende Biographie stellt sich daher das Ziel, Leben und Werk dieses bedeutenden Astrophysikers lebendig werden zu lassen und so Größe und Grenzen dieses Forschers im Prozeß der Herausbildung der Astrophysik deutlich zu machen. Als Grundlage dient einerseits die im Jahre 1899 veröffentlichte Zöllner-Biographie von F. Koerber [2], andererseits Zöllners eigene verstreut veröffentlichten autobiographischen Notizen sowie seine Werke und zahlreiche vom Verfasser aufgefundene Archivalien. Der Nachlaß des Forschers ist bedauerlicherweise nach schriftlicher Auskunft des Archivs der Sächsischen Akademie der Wissenschaften bei einem Bombenangriff im Dezember 1943 vernichtet worden. Jedoch haben sich Teile des Nachlasses in Leipzig, Leningrad, Basel und anderorts erhalten, so daß diese zur Vervollständigung der in den sonstigen Quellen gemachten Angaben herangezogen werden können. Für die Mithilfe bei der Beschaffung und Auswertung dieser Dokumente ist der Verfasser folgenden Persönlichkeiten und Institutionen zu herzlichem Dank verpflichtet: Prof. Dr. A. A. Michailow (Leningrad), Dr. Z. Sokolowskaja (Moskau), Dr. Debes (Leipzig), Zentrales Archiv der Akademie der Wissenschaften der UdSSR (Leningrad), Deutsches Zentralarchiv Merseburg, Zentrales Archiv der Akademie der Wissenschaften der DDR (Berlin), Historisches Staatsarchiv Köln, Staatsbibliothek Preußischer Kulturbesitz (Westberlin), Prof. Dr. Drucker, Archiv der Karl-Marx-Universität Leipzig, Dr. Opitz, Deutsches Museum (München), Zentralstelle für Geneologie der DDR (Leipzig), Landesarchiv Schleswig-Holstein, Historisches Institut der Universität Wien, Dr. Rudolf Kaufmann (Basel), Dr. D. Hoffmann, (Berlin).

Besonderer Dank für die Durchsicht umfangreicher Archivalien und deren Aufbereitung gebührt meinem Mitarbeiter Dipl.-Phil. J. Hamel, auf dessen Studie über Zöllner [3] auch der Abschnitt über Zöllners philosophische Auffassungen in der vorliegenden Arbeit wesentlich fußt.

Der Abschnitt zum physikalischen Weltbild Zöllners basiert vor allem auf der Studie von H. Leihkauf „Zöllner und der physikalische Raum" [63]. Frau G. Münzel steuerte mit ihrer Schülerarbeitsgemeinschaft nützliches Material aus dem Archiv der Karl-Marx-Universität bei. Meiner Frau danke ich für die Mithilfe bei der Erstellung des Personenregisters.

Herzlicher Dank gebührt auch den Herren Dr. S. Marx, Tautenburg, und Prof. Dr. sc. H. Wußing, Leipzig, für ihre wertvollen Hinweise zum Manuskript.

Dem Verlag sei herzlich für seine Bemühungen um das Erscheinen dieses Bändchens zum 100. Todestag Zöllners gedankt.

Berlin, Herbst 1980   Dr. D. B. Herrmann

Inhalt

Jugendzeit und Studienjahre in Berlin und Basel

Kindheit und Jugend in Berlin

Johann Karl Friedrich Zöllner wurde am 8. November 1834 in Berlin geboren. Seine Eltern waren der Kattunfabrikant Carl Friedrich Zöllner und dessen Ehefrau Maria Magdalena, geborene Muquardt, deren Vorfahren als arme Weber aus Böhmen nach Berlin gekommen waren und sich dort niedergelassen hatten. Zöllner war das älteste von insgesamt 11 Kindern der Familie. Seine Geschwister wurden in den Jahren 1836 bis 1848 geboren.

Zöllners Vater stammte aus der Handwerkerschicht und hatte sich durch Fleiß und Sparsamkeit im Jahre 1830 eine Zeugdruckerei eingerichtet. Die Textilindustrie erlebte damals in Preußen im Rahmen der allgemeinen kapitalistischen Entwicklung einen bemerkenswerten Aufschwung. Insbesondere Berlin hatte an dieser Entfaltung von Produktion und Handel in den fünfziger und sechziger Jahren einen erheblichen Anteil. In bezug auf die Kattundruckerei stand Berlin damals sogar einzigartig in Deutschland da. Zöllners Vater verstand es ausgezeichnet, diese günstigen Bedingungen für die Entwicklung seines Geschäfts zu nutzen. Er verband sich mit einem kaufmännisch geschulten Freund aus Cottbus zu der Firma „Zöllner und Toussaint", die innerhalb der Branche in Berlin viele Jahre eine beachtliche Rolle spielte. Im Jahre 1846 richtete Zöllners Vater eine größere Fabrik in „Schönweide bei Berlin" ein, die ebenfalls gut florierte. Trotz des Kinderreichtums lebte die Familie Zöllner dadurch in finanziell günstigen Verhältnissen.

Den ersten Unterricht erhielt Zöllner nach seinen eigenen Angaben von seiner Mutter. Da eine höhere Schule vom Wohnort seiner Eltern zu weit entfernt lag, folgte dann der Besuch der Stralauer Stadtschule und erst später, im Alter von 13 Jahren, die Aufnahme in das Köllnische Gymnasium.

Bereits in dieser Zeit wurde bei Zöllner eine besondere Begabung und Vorliebe für physikalische Versuche und mechanische Konstruktionen sichtbar. Unter seinen Lehrern am Gymnasium unterstützten besonders der Direktor August und Prof. Barentin diese

Neigung. Auch im elterlichen Hause gab es mancherlei Anregung für den naturwissenschaftlich interessierten jungen Mann: Die Mutter, die als eine anregende und lebhafte Frau geschildert wird, verstand es, einen heiteren Freundeskreis um die Familie zu scharen, der meist an den Sonntagen zusammenkam. Zu ihnen gehörten neben Otto Hagen, er war später Physiker und zeitweise Redakteur der „Fortschritte der Physik", auch R. Seltmann, später Chef einer chemischen Fabrik, und Pauline Ulrich, damals ein geistreiches junges Mädchen, später eine der gefeiertsten Schauspielerinnen auf deutschen Bühnen. Zöllner selbst fand in diesen Freunden bald ein dankbares Publikum für zahlreiche physikalische „Theatervorstellungen", die er gemeinsam mit seinem Klassenkameraden H. Cochius veranstaltete. In der väterlichen Bibliothek waren astronomische Bücher, darunter J. H. Mädlers „Populäre Astronomie", sowie historische und philosophische Schriften vorhanden, die Zöllner schon als Knabe kennenlernte.

Eine schon frühzeitig aufgetretene Erkrankung des Vaters führte allerdings bald zu dessen frühem Tod, so daß sich eine Wende in Zöllners Leben anzubahnen schien. Die Bevorzugung der Naturwissenschaften am Köllnischen Realgymnasium und die unter der Anleitung von August, Barentin und Hagen entfachte Begeisterung für die Naturwissenschaften erschienen wie eine persönliche Liebhaberei Zöllners angesichts der nun entstandenen Situation, die es geboten erscheinen ließ, daß Zöllner recht bald die väterliche Fabrik übernähme. Mit dem Primanerzeugnis in der Tasche begann sich Zöllner in Oranienburg beim Vater seines Freundes Cochius in die Probleme des Geschäftslebens einweihen zu lassen. Doch dies war nur eine Episode von kurzer Dauer. Seine Vorliebe für Naturwissenschaften machte ihm bald deutlich, daß er in dieser Tätigkeit niemals Befriedigung finden würde, zumal ihm auch der Vater schon vor seinem Tode die Erlaubnis zum Studium der Naturwissenschaften gegeben hatte. So ging Zöllner zunächst auf das Gymnasium zurück, wo er in Alexander Mitscherlich, einem Sohn des berühmten Chemikers Eilhard Mitscherlich, einen gleichgesinnten Freund fand. Auch mit Prof. Barentin blieb Zöllner eng befreundet. Durch ihn wurde er später auch mit Johann Christian Poggendorff bekannt, der damals die von L. W. Gilbert begründeten „Annalen der Physik und Chemie" herausgab. Dadurch hatte Zöllner frühzeitig Zugang zu dieser berühmten Zeitschrift, in der er seine ersten wissenschaftlichen Arbeiten veröffentlichte.

1855 verließ Zöllner das Gymnasium, obwohl er wegen unbefriedigender Leistungen in den sprachlichen Fächern noch nicht im Besitz des Abiturienten-Examens war, das er 6 Monate später extern erwarb. Nach einem kurzen Aufenthalt am Berliner Gewerbe-Institut ließ er sich dann im Herbst 1855 an der Berliner Universität immatrikulieren.[1] Die erst im Jahre 1810 gegründete Berliner Universität hatte in der relativ kurzen Zeit ihrer Existenz einen raschen Aufschwung genommen und nahm hinsichtlich der Anzahl und Leistungsfähigkeit ihrer Lehrkräfte damals eine Spitzenstellung unter den deutschen Hochschulen ein.

Zöllner belegte eine inhaltlich breitgefächerte Palette von Vorlesungen: Nach seinen eigenen Angaben hörte er Physik und Meteorologie bei H. W. Dove, mathematische Physik bei G. A. Ermann, Nervenphysik bei E. du Bois-Reymond, Chemie bei E. Mitscherlich, Mathematik bei E. E. Kummer, belegte physikalische Colloquia bei H. G. Magnus sowie des weiteren Vorlesungen über Logik, Psychologie, Ästhetik und Geschichte der Dichtkunst.

Schon während der Gymnasialzeit hatte Zöllner Interesse an fotometrischen Problemen und beabsichtigte, ein möglichst einfaches und dennoch genaues Fotometer zu konstruieren. Nun auf der Universität griff er diesen Plan wieder auf und stellte eine Reihe entsprechender Experimente an, wofür ihm Dr. Hagen, sein ehemaliger Chemielehrer, das chemische Laboratorium des Köllnischen Gymnasiums zur Verfügung stellte. Einerseits beschäftigten ihn Fragen der theoretischen Fotometrie, andererseits technische Probleme im Zusammenhang mit der Lichtmessung. Um verschiedene Lichtquellen miteinander vergleichen zu können, ist es erforderlich, eine Vergleichslichtquelle meßbar abzuschwächen. Zöllner verfolgte die bereits mehrfach erprobte Idee, hierzu die Polarisation des Lichts zu nutzen. Gleichzeitig beschäftigte er sich in diesen frühen Untersuchungen mit dem Zusammenhang zwischen der Lichtemission von Platindrähten und der Stromstärke. Hierbei gelang ihm der Nachweis, daß ein Platindraht, der durch einen gal-

---

[1] In seiner Autobiographie [4, S. 3] schreibt er, daß er die Universität bereits 1854 bezogen habe und während der ersten beiden Semester gleichzeitig Vorlesungen am Gewerbe-Institut gehört habe.

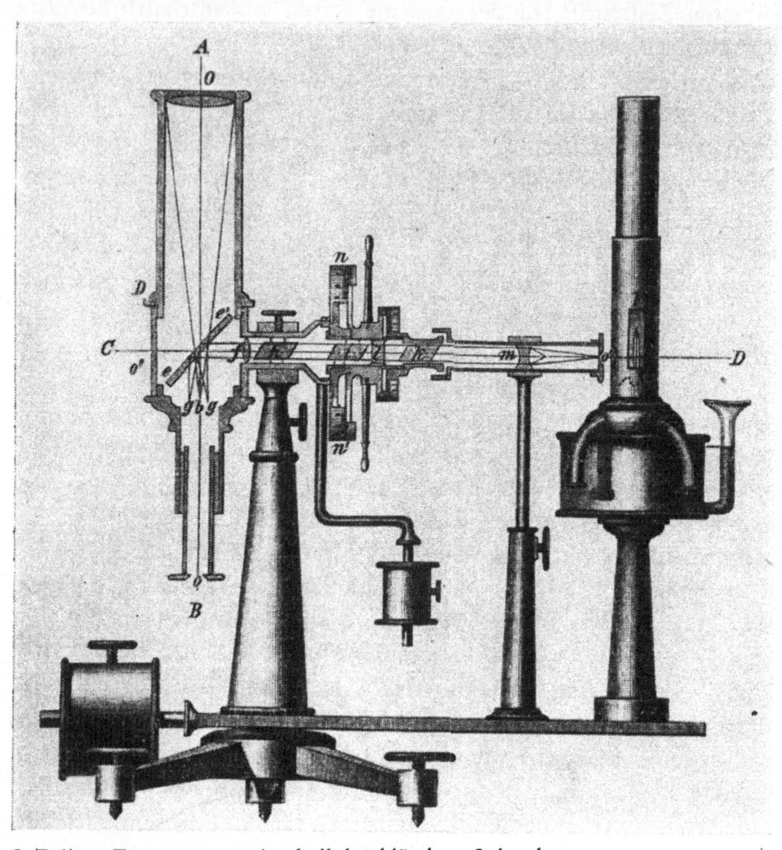

2 Zöllner-Fotometer. e–e' – halbdurchlässiger Spiegel;
i. k – Nicol-Prismen; F – Vergleichslichtquelle
(Aus: „Photometrische Untersuchungen" mit besonderer Rücksicht auf die
physische Beschaffenheit der Himmelskörper, Leipzig 1865, Tafel III.)

vanischen Strom zum Glühen gebracht wird, proportional dem
Quadrat der Stromstärke leuchtet. Zöllner beabsichtigte, auf dieses Gesetz gestützt, eine spezielle Lichteinheit zu entwickeln. Außerdem war er schon damals der Ansicht, das sein Fotometer
seiner „großen Einfachheit wegen auch für technische Zwecke geeignet" sein dürfte. Alles in allem waren dies bereits die grundlegenden Ideen seiner erfolgreichen Tätigkeit auf dem Gebiet der
Astrofotometrie in den nachfolgenden Jahrzehnten. Die Resultate
der frühen Experimente veröffentlichte er als 23jähriger Student
im 100. Band von „Poggendorffs Annalen". Damals hat er auch

Helligkeitsbeobachtungen von Sternen in einem von ihm einge-
richteten kleinen Observatorium auf dem Dach der väterlichen
Fabrik ausgeführt.

Daneben beschäftigte ihn die Anwendung des Elektromagnetismus „zur Hervorbringung mechanischer Effekte". Auf eine diesbezügliche Erfindung, deren Grundlagen er im 101. Band von „Poggendorffs Annalen" vorstellte, setzte er große Hoffnungen, die sich
jedoch nicht erfüllten, während wenige Jahre später W. v.
Siemens durch die Entdeckung und Nutzung des dynamoelektri-
schen Prinzips das Ziel der Zöllnerschen Versuche auf andere
Weise in glänzender und technisch nutzbarer Weise erreichte.

Fotometrische Untersuchungen in Basel

Um diese Zeit lernte Zöllner im Hause von Mitscherlich den Physiker G. Wiedemann kennen, der in Basel eine Professur für Physik bekleidete. Die ständige familiäre Belastung durch die väterliche Fabrik und wohl auch die mangelnde Anerkennung seiner
Bestrebungen durch die weitaus älteren Berliner Professoren bewegten ihn dazu, eine Einladung Wiedemanns nach Basel anzu-
nehmen. So verließ Zöllner Berlin und reiste Ende Oktober 1857
nach Basel. Die Universität hatte damals nur knapp sechs Dutzend
Studenten. Im physikalischen Laboratorium Wiedemanns war Zöllner sogar der einzige Arbeiter, ein Umstand, der – wie er betonte
– bei der großen Freizügigkeit, mit der ihm alle Apparate zur Verfügung gestellt wurden, wesentlich dazu beitrug, daß seine fotometrischen Untersuchungen bald zu einem vorläufigen Abschluß
kamen.

Außerdem hörte Zöllner noch Vorlesungen über ausgewählte Pro-
bleme der höheren Mathematik sowie Geologie, Mineralogie und
Elektrochemie. Bei dem Poisson-Schüler Prof. R. Merian war
Zöllner der einzige Hörer.

Mit dem nur wenig älteren Wiedemann verband ihn bald eine enge freundschaftliche Beziehung. Dadurch wurde der rege Ideenaus-
tausch auch im Hause der Familie Wiedemann fortgesetzt. Mehrfach betonte Zöllner die glückliche Kombination der angenehmen familiären Studien-Atmosphäre und den intensiven
und wechselseitigen geistigen Austausch der Ideen und Projekte.

Rasch reifte seine Doktor-Arbeit unter diesen günstigen Umständen. Sie basierte vollkommen auf den Berliner Studien und trug den Titel „Photometrische Untersuchungen, insbesondere über die Lichtentwickelung galvanisch glühender Platindrähte" (Basel 1859). Die mündliche Prüfung in den Fächern Physik, Chemie, Mathematik und Philosophie erfolgte im Dezember 1858. Den damaligen Gepflogenheiten entsprechend hielt Zöllner zum Abschluß seines Promotionsverfahrens noch einen öffentlichen Vortrag „Über die Prinzipien der neueren Naturforschung", den die „Baseler Nachrichten" als „ein für die wissenschaftliche Tüchtigkeit und den wissenschaftlichen Eifer des jungen Doktors sehr vorteilhaftes Zeugnis" bezeichneten.

Ein umfangreicher Auszug aus der Inaugural-Dissertation erschien in den „Annalen der Physik und Chemie" unter dem Titel „Photometrische Untersuchungen".[5][1] Zöllner setzt sich in dieser Arbeit mit zahlreichen historischen Vorgängern, insbesondere mit Lambert und Fraunhofer, auseinander – eine für seine Forschungen auch in späteren Jahren charakteristische Arbeitsweise. Er kommt dann zur Darstellung des Prinzips seines Fotometers und untersucht dessen Leistungsfähigkeit. Den Hauptteil bildet wieder der Zusammenhang zwischen der Lichtemission und dem Stromfluß von Platindrähten, wobei die früheren Ergebnisse allerdings nicht verifiziert werden. Vielmehr konstatiert Zöllner jetzt, daß es „wegen der komplizierten Vorgänge bei der Wärmeabgabe an die Luft keine einfache Beziehung zwischen Stromstärke, Wärme- und Lichtentwicklung" geben kann. Dennoch bleibt er bei dem Vorschlag, auf die von ihm angestellten Untersuchungen eine Lichteinheit zu begründen:

Als solche würde man die Lichtmenge aufstellen können, welche in einem Platindraht von gegebenen Dimensionen ... durch einen galvanischen Strom von bestimmter Intensität (am besten im luftleeren Raume) entwickelt wird.

---

[1] In derselben Nummer der „Annalen" ist übrigens die klassische Arbeit von Kirchhoff „Über das Verhältnis zwischen dem Emissionsvermögen mit dem Absorptionsvermögen der Körper für Wärme und Licht" abgedruckt (S. 275 ff), die einerseits unmittelbar aus der grundlegenden Entdeckung der Spektralanalyse durch Kirchhoff und Bunsen folgte und andererseits bereits zur Vorgeschichte der Quantentheorie zählt und somit den Brückenschlag von den empirischen Anfängen der Astrophysik zu ihrer theoretischen Begründung im 20. Jahrhundert dokumentiert.

Als Hindernisse sieht er allerdings die Farbunterschiede der mit
dieser Einheit verglichenen Lichtquelle sowie das rasche Anwach-
sen der ausgestrahlten Lichtmenge mit zunehmender Stromstärke
an.

Ursprünglich hatte Zöllner die Absicht, nun nach Berlin zurückzu-
kehren und dort zur Absicherung seiner wirtschaftlichen Existenz
noch das Oberlehrerexamen abzulegen. Doch das angenehme wissenschaftliche Klima in Basel und der Erfolg der laufenden wissenschaftlichen Arbeiten ließen diesen Plan bald in Vergessenheit
geraten. Stattdessen setzte Zöllner einstweilen seine fotometrischen
Studien in der Schweiz fort. Eine zufällig gemachte Beobachtung
auf einer Eisenbahnfahrt von Olten nach Basel hatte hieran nicht
geringen Anteil. Zöllner berichtet darüber:

Es war abends und ein sternklarer Himmel. Die an der hinter mir be-
findlichen Wand des Wagens angebrachte Lampe war zur Beseitigung stören-
der Blendung von anderen Insassen des Wagens mit der zu diesem Zwecke
vorhandenen kleinen Gardine verhüllt. Ich saß rückwärts in einer Ecke des
Kupees dicht am Fenster und schaute behaglich durch die geschlossene
Fensterscheibe auf den sternbesäten Himmel. Da ich über die Konstella-
tion der Planeten im allgemeinen unterrichtet war und mit Bestimmtheit
wußte, daß Mars sich nicht am östlichen Himmel befinden konnte, so erregte ein schöner roter Stern, den ich dort zu sehen glaubte, in so hohem
Maße mein Erstaunen, daß ich das Fenster öffnete, um jenen Stern ge-
nauer zu beobachten. Indessen war jetzt der rote Stern verschwunden und
kam sofort wieder zum Vorschein, sobald ich den Himmel durch die Glasscheibe des geschlossenen Fensters betrachtete. Hieraus schloß ich, daß ich
es mit einem Reflex von Lampenlicht zu tun hatte, und in der Tat zeigte
sich bei genauerer Besichtigung des die Lampe verhüllenden Vorhanges ein
kleines Loch in demselben, durch welches Lichtstrahlen in schräger Richtung
nach unten auf die Fensterscheibe fielen. [6]

Gleich nach seiner Ankunft in Basel brachte Zöllner in Auswertung dieses anregenden Erlebnisses vor die Öffnung einer auf den
Himmel gerichteten Pappröhre eine um 45° gegen die Achse der
Röhre geneigte Glasplatte. In einiger Entfernung von dieser Platte
stellte er seitlich einen durchlöcherten Schirm auf, der von hinten
mit einer Lampe beleuchtet wurde. Beim Blick durch die Pappröhre auf den Sternhimmel zeigten sich nun auch im natürlichen
Feld zahlreiche künstliche Sterne, denen durch Einschaltung einer
bläulichen Glasscheibe ein so natürliches Aussehen gegeben werden konnte, daß man außerstande war, sie von den natürlichen zu
unterscheiden. Zöllner verband nun diesen „Rohentwurf" eines

neuen Fotometers mit dem schon früher angewendeten Polarisationsprinzip, indem er durch Einschaltung von Polarisationsprismen eine meßbare Helligkeitsveränderung der künstlichen Sterne herbeiführte, und hatte damit im wesentlichen ein neues, leicht handhabbares und – wie sich noch zeigen sollte – sehr genaues Astrofotometer geschaffen, das später weltweite Anwendung fand und einen beachtlichen Umschwung der Astrofotometrie überhaupt herbeiführte. Ein Musterinstrument ließ er durch den Mechaniker und Optiker A. Kern in Aarau bauen. Die Untersuchungen bestätigten, daß man mit diesem Instrument auf einfache Weise sehr genaue Helligkeitsbestimmungen von Sternen gewinnen kann.

Die Wiener Preisschrift

Mitscherlich und Wiedemann machten Zöllner nun auf eine von der Wiener Akademie der Wissenschaften bereits 1854 gestellte Preisaufgabe aufmerksam, die wegen fehlender Einsendungen 1857 wiederholt worden war. Sie lautete:

Es sind möglichst zahlreiche und genaue fotometrische Bestimmungen von Fixsternen in solcher Anordnung und Ausdehnung zu liefern, daß der heutigen Sternkunde dadurch ein bedeutender Fortschritt erwächst.

Schon 1857 hatte Zöllner beabsichtigt, nach Königsberg zu gehen. Diesen Plan griff er nun erneut auf und verband ihn mit dem Vorhaben, an der berühmten Königsberger Sternwarte, die dereinst von Bessel begründet und geleitet worden war, die für die Beantwortung der Wiener Preisfrage erforderlichen praktischen Messungen auszuführen. Die theoretischen und konstruktiven Arbeiten am Fotometer waren inzwischen abgeschlossen. Doch auch diesmal zerschlug sich die Übersiedlung nach Königsberg, und Zöllner ging stattdessen nach Berlin zurück, wo er die notwendigen Messungen auf dem Dach der Schöneweider Fabrik des Vaters in einem kleinen Privatobservatorium innerhalb eines knappen Jahres von Dezember 1859 bis Dezember 1860 durchführte. In insgesamt 43 Nächten hatte er 2 212 Einzelbeobachtungen ausgeführt und so die relativen Helligkeiten von insgesamt 226 Objekten bis auf 1% genau bestimmt. Die einstweilen geringe Zahl fotometrischer Bestimmungen empfand er allerdings als wenig befriedigend. An seinen Baseler Freund Hagenbach schrieb er in diesem Zusammenhang:

Da es ein Fotometer für so genaue Messungen bei gleichzeitig so einfacher Handhabung für astrofotometrische Zwecke nicht gab, war Zöllner ziemlich sicher, den Preis der Akademie ungeachtet der relativ geringen Zahl fotometrisch bestimmter Sterne zu gewinnen und dadurch „gleichsam das Eintrittbillet in die heiligen Hallen der offiziellen Wissenschaft" zu erwerben.

Die Zeit bis zur Preisverleihung, die für den 31. Mai 1861 angesetzt war, nutzte Zöllner zu einigen mehrwöchigen wissenschaftlichen Reisen nach Frankreich, Belgien und England. In Paris weilte Zöllner sechs Wochen. Dort traf er u. a. mit dem Freiburger Physiker Johannes Müller zusammen, der sich wegen einer Neuauflage des von ihm herausgegebenen Pouilletschen Lehrbuches in Paris aufhielt und Kontakt zu zahlreichen bekannten dortigen Koryphäen unterhielt. So lernte Zöllner auch mehrere französische Physiker kennen, u. a. A. E. Becquerel, den Vater des damals achtjährigen späteren Entdeckers der Radioaktivität, H. Becquerel. Zöllner bewunderte nicht nur das außerordentliche experimentelle Geschick seiner französischen Kollegen, sondern auch die erheblichen Mittel, die damals vom französischen Staat für populäre wissenschaftliche Vorlesungen zur Verfügung gestellt wurden.

Ein anschließender Aufenthalt in London dauerte nur kurze Zeit Immerhin traf Zöllner aber mit dem Physiker Tyndall zu einem kurzen Gespräch zusammen. Über Frankreich ging die Reise dann direkt nach Wien, wo die Preisverleihung stattfinden sollte. Hier erfuhr er nun zu seiner Enttäuschung aus dem Munde des Direktors der Wiener Sternwarte Carl v. Littrow, daß keine der insgesamt drei eingegangenen Bewerbungsschriften den Preis erhalten habe und der Hauptgrund darin liege, daß keine der Arbeiten eine genügend große Anzahl von Helligkeitsbestimmungen enthalte. Über die Zöllnersche Arbeit heißt es in dem „Bericht der Kommission über die astronomische Preisfrage" u. a.:

zu wenig, um als genügend gelten zu können. In der Tat hat der Verfasser wenig mehr als ein Jahr gearbeitet, während über sechs Jahre Zeit gegeben war. Immerhin hat die Arbeit in mehrfacher Beziehung unleugbaren Wert.

Im einzelnen wurde in dem Gutachten eine Reihe von Einwendungen gemacht, die sich insbesondere auf die Konstanz der Vergleichslichtquelle, die Willkürlichkeit der ausgewählten Sterne, das Fehlen eines verbindlichen Bezugssterns u. a. bezogen. Allerdings stellte die Akademie allen drei Autoren (die beiden anderen Arbeiten stammten von Schwerd und Seidel) anheim, ihre Arbeit auf Kosten der Wiener Akademie zu veröffentlichen. Zöllner bemerkte ironisch und wohl auch etwas verstimmt, daß er „die hohe Ehre dieses akademischen Prägestempels" ablehne und sein Manuskript stattdessen zurückfordere. Ohne am Manuskript irgendwelche Veränderungen vorzunehmen, kam die Arbeit Ende 1861 bei Mitscher und Röstell in Berlin unter dem Titel „Grundzüge einer allgemeinen Photometrie des Himmels" heraus.

Bereits im Vorwort zu dieser Schrift, das vom Juli 1861 datiert, finden sich einige bemerkenswerte Feststellungen. So lehnt Zöllner es z. B. ab, einen beliebigen Stern als Bezugsobjekt für Sternhelligkeiten zu verwenden, da man nicht sicher wissen könne, ob die Helligkeit dieses Sterns für alle Zeiten konstant sei. Vielmehr hält er es für sehr wahrscheinlich, daß man das Attribut des Unveränderlichen in bezug auf die Helligkeiten und Farben der Sterne wohl ebenso zu relativieren habe, wie dies hinsichtlich der Sternörter bereits durch die Entdeckung der Eigenbewegungen geschehen sei.

Neben der Darlegung der Prinzipien physiologisch-fotometrischer Messungen und Analysen historischer Helligkeitsbeobachtungen enthält die Schrift vor allem die ausführliche Beschreibung der Konstruktion und Arbeitsweise des von Zöllner entwickelten Astrofotometers, das später weltbekannt wurde und entscheidend zur qualitativen Erneuerung der Astrofotometrie beitrug. Das Prinzip der Messung beruht darauf, daß ein Vergleichsstern konstanter Helligkeit durch Polarisation meßbar abgeschwächt werden kann, bis Helligkeitsgleichheit mit dem Meßobjekt besteht. Auch Farbangleichungen zwischen Meßobjekt und Vergleichsobjekt zur Vermeidung von Fehlern infolge des Purkinje-Phänomens sind möglich.

Die Hoffnung auf eine baldige vorteilhafte Anstellung schien für Zöllner einstweilen geschwunden, so daß er sich zunächst als „Privatgelehrter" betätigte und einige Randprobleme der Fotometrie auf dem Gebiet der physiologischen Optik bearbeitete, die wiederum in „Poggendorffs Annalen" publiziert wurden. Unterdessen erschien aber in den international renommierten „Astronomischen Nachrichten" eine Rezension über die Zöllnerschen „Grundzüge" aus der Feder von Pape und C. A. F. Peters, die ein bedeutend günstigeres Urteil fällten als die Wiener Preisrichter. Darin wurde Zöllners Schrift als „in hohem Maße anregend" bezeichnet, die in der Tat Anerkennung verdiene. Durch diese Rezension wurde die allgemeine Aufmerksamkeit der Fachleute auf die Zöllnersche Arbeit gelenkt und der Grund zu der weltweiten Anerkennung gelegt, die Zöllner schließlich insbesondere auf dem Gebiet der Fotometrie errang. Nach und nach wurde immer deutlicher, daß Zöllners „Grundzüge einer allgemeinen Photometrie des Himmels" den Beginn der modernen visuellen Astrofotometrie markieren und insofern eine klassische Schrift der astrophysikalischen Forschung des 19. Jahrhunderts darstellen. Unter anderem ließ sich der Direktor der Berliner Sternwarte J. F. Encke das Fotometer vorführen. An der Demonstration nahmen außerdem noch der gerade in Berlin weilende C. von Littrow sowie Enckes erster Assistent W. Förster teil. Nachdem Encke das Gerät kennengelernt hatte, wandte er sich zu Zöllners Überraschung an Littrow:

Nun sagen Sie mal, lieber Kollege, warum haben Sie eigentlich dem Dr. Zöllner nicht den Preis zuerkannt? [6, S. 745]

Am folgenden Tag traf Zöllner mit dem Direktor der Leipziger Sternwarte Prof. Carl Bruhns zusammen, der mit zwei weiteren Überraschungen aufwartete: Einerseits überbrachte er die Anfrage von Littrow, ob Zöllner nicht bereit sei, sich nochmals um den Preis der Wiener Akademie zu bewerben und in dem bis dahin verbleibenden Zeitraum die Anzahl der fotometrisch bestimmten Sterne zu vergrößern. Zurecht erblickte Zöllner wohl in diesem Anerbieten das Bestreben, den erkannten Irrtum wiedergutzumachen, lehnte aber im Hinblick auf die Lösung wissenschaftlich bedeutenderer Probleme bei Helligkeitsmessungen an beleuchteten Himmelskörpern ab. Hingegen nahm er mit Freuden die Einladung von Bruhns an, seine künftigen fotometrischen Forschungen an der Leipziger Universitäts-Sternwarte fortzusetzen.

Die Leipziger Jahre

Fotometrische Forschungen · Die Habilitationsschrift

So siedelte Zöllner im Mai 1862 nach Leipzig über, wo er – von verschiedenen wissenschaftlichen Reisen abgesehen – bis zu seinem Lebensende verblieb. In die Leipziger Zeit fallen seine bedeutendsten wissenschaftlichen Arbeiten und seine gesamte Wirksamkeit zur Etablierung einer neuen wissenschaftlichen Disziplin, der Astrophysik, deren Notwendigkeit er als einer der ersten Gelehrten überhaupt erkannte und popularisierte.

Das wissenschaftliche Klima der sächsischen Universitätsstadt und die teilnahmsvolle Unterstützung seiner Bemühungen an der Leipziger Sternwarte sagten ihm so zu, daß er schon „bald den Wunsch hegte", sich „durch die Habilitation an der ... Universität auch nach Außenhin eine entsprechende Wirksamkeit zu verschaffen". [4, S. 11]

Gegenstand seiner Forschungen war nun ausschließlich die Astrofotometrie in ihrer ganzen Breite, sowohl theoretische Studien als auch praktische Messungen galten der Fotometrie des Mondes und der Planeten; zugleich aber beschäftigte sich Zöllner auch mit der Fotometrie der Fixsterne.

Die umfangreichen Studien waren etwa um die Mitte des Jahres 1864 zu einem vorläufigen Abschluß gekommen, so daß Zöllner sie zu einer umfassenden Habilitationsschrift unter dem Titel „Photometrische Untersuchungen, insbesondere über die relative Lichtstärke der Mondphasen nebst einer vergleichenden Kritik von Bouguer's und Lambert's Prinzipien der photometrischen Calcüles" zusammenstellen konnte. Mit einem Schreiben vom 6. Oktober 1864 wendete er sich an die Philosophische Fakultät der Leipziger Universität mit dem Gesuch, ihm die Erlaubnis zur Habilitation zu erteilen.

Der diesem Gesuch beigefügte Lebenslauf zeigt, daß Zöllner um diese Zeit bereits ein astrophysikalisches Programm entwickelt hatte, dem er in den nächsten Jahren zu folgen gedachte und das ihn zu einem der Bahnbrecher dieses neuen Forschungsgebietes

3 Zöllners Wohnhaus in Leipzig, Gellertstraße, Spamers Hof (im gegenwärtigen Zustand)

werden ließ. Am Schluß des eigenhändig geschriebenen Lebenslaufes heißt es nämlich:

Demgemäß soll sich meine akademische Tätigkeit *zunächst* auf den Vortrag der theoretischen und praktischen Fotometrie sowohl in ihrer Anwendung auf rein physikalische als auch auf physikalisch-astronomische Probleme beschränken. Hierbei werde ich eifrig bestrebt sein, ein möglichst lebhaftes und allseitiges Interesse namentlich für den zuletzt genannten Gegenstand zu erwecken, um hierdurch nach besten Kräften dazu beizutragen, daß die fotometrischen Beobachtungen der Gestirne, mit Rücksicht auf die gegenwärtige Entwicklungsphase der Astronomie als gleichberechtigt mit den

Positionsbestimmungen behandelt und daher auch in den Kreis der regelmäßigen Tätigkeit einer Sternwarte aufgenommen werden. Die Aufschlüsse, welche hierdurch sowohl bezüglich der physikalischen Beschaffenheit der Planeten als auch der Anordnung und Bewegung der Fixsterne im Weltraume erlangt werden können, sind nach den schon jetzt vorliegenden Resultaten von solchem Interesse, daß hierin für mich nur die Aufforderung liegen kann, auf dem betretenen Wege weiter fortzuschreiten und womöglich auch andere zur Teilnahme an meinen Bestrebungen aufzufordern. [4, S. 11/12]

Nach dem üblichen Geschäftsgang wurde Zöllner schließlich mitgeteilt, daß die Voraussetzungen zur Habilitation seitens der philosophischen Fakultät als gegeben angesehen werden und ihm die Zulassung zu den einschlägigen Colloquia und Prüfungen erteilt wird. Unter den Begutachtern seiner Abhandlung befand sich allerdings nach eigenen Aussagen der betreffenden Fakultätsmitglieder niemand, der eine tiefer gehende Beurteilung der Arbeit hätte vornehmen können. Jedoch war man sich darin einig, daß Zöllner seinen Gegenstand klar und verständlich dargestellt habe und es sich alles in' allem um eine „sehr tüchtige Habilitationsschrift" handelte, die mit Fleiß und Geschick verfaßt worden sei. In der Zeit vom 17. Februar bis zum 13. März erledigte Zöllner dann alle verlangten Verpflichtungen, zwei Prüfungen in analytischer Geometrie bei A. F. Möbius und in Physik bei Hankel, sowie eine Probevorlesung und die Verteidigung seiner Arbeit zur vollsten Zufriedenheit der beteiligten Professoren, so daß ihm am 13. März 1865 die akademische Lehrbefugnis, die venia legendi, erteilt werden konnte.

Als Habilitationsthema war nur ein Teil seiner umfassenden Schrift gewählt worden, nämlich die „Theorie der relativen Lichtstärke der Mondphasen". Die gesamte Schrift erschien im Jahre 1865 unter dem Titel „Photometrische Untersuchungen mit besonderer Rücksicht auf die physische Beschaffenheit der Himmelskörper". Das Werk kann wohl als die reifste wissenschaftliche Leistung Zöllners angesehen werden, und Zöllners Biograph Koerber verweist zu Recht darauf, daß uns Zöllner in diesem Buch als „begeisterter Pfadfinder eines neuen Wissenszweiges" entgegentritt.

In der Tat hob Zöllner in den „Photometrischen Untersuchungen" erstmals programmatisch hervor, daß sich alle Elemente zur Begründung eines neuen Zweiges der Astronomie herausgebildet hätten, für den er die Bezeichnung „Astrophysik" vorschlug. Er stellte damit dem von Bessel formulierten Programm ein anderes entgegen, das zugleich eine Erweiterung des Aufgabenbereichs der klassischen Forschung darstellte. Die tiefere Ursache für das Besselsche Programm lag im historisch bedingten Wissensstand und stellte zugleich eine Ablehnung naturphilosophischer Spekulationen und insofern eine Verteidigung exakten wissenschaftlichen Untersuchens dar. Zu Bessels Zeiten war es eben nur die Mechanik der Schwere, die zu einem gewissen Abschluß gekommen war, wie Engels hervorhob, und die durch ihren Reifegrad auch zur Basis bemerkenswerter Erfolge in der Astronomie geworden war. Da die Mechanik ein Teilgebiet der Physik darstellt, hatte natürlich die einstmalige Einführung dieser Wissenschaft in die Astronomie, nach der Schaffung der Newtonschen Physik, tatsächlich eine „Astronomia Nova" im Sinne Keplers hervorgebracht, die zugleich eine Himmelsphysik, wenn auch in beschränktem Umfang, gewesen ist.

Zöllner fußt nun auf dem wesentlich weiterentwickelten Stand der exakten Wissenschaften seiner Zeit und erklärt:

War es die Aufgabe [der früheren Astronomie – D.B.H.], unter Voraussetzungen der Allgemeinheit *einer* Eigenschaft der Materie (der Gravitation) alle Ortsveränderungen der Gestirne zu erklären, so wird es die Aufgabe der Astrophysik sein, unter Voraussetzung der Allgemeinheit *mehrerer* Eigenschaften der Materie, alle übrigen Unterschiede und Veränderungen der Himmelskörper zu erklären.

Die Astrophysik sah Zöllner schon damals als

das notwendige Resultat einer allgemeineren Entwicklung, welche beim stetigen Fortschritt der Wissenschaften bereits auch auf andern Gebieten ähnliche Verschmelzungen ursprünglich getrennter Disziplinen zu einer höheren und allgemeineren Einheit herbeigeführt hat.

Das von Zöllner formulierte astrophysikalische Programm ist von solcher Allgemeinheit, daß es auch heute noch als das gültige strategische Ziel der Kosmosforschung gelten kann. Die von Zöllner erkannte Tendenz interdisziplinärer Forschung hat sich inzwischen voll bestätigt und hält weiter an.

Interessant ist darüber hinaus das philosophische Fundament, auf dem Zöllner die Astrophysik aufzubauen gedenkt und das offenbar auch Erfahrungen der bereits rund 200 Jahre währenden himmelsmechanischen Forschung verallgemeinert. Er erklärt nämlich ausdrücklich in der ersten seiner insgesamt neun Thesen der Habilitationsschrift:

Bei den Untersuchungen über die physische Beschaffenheit der Himmelskörper dürfen zur Erklärung der beobachteten Phänomene nur solche Kräfte und Erscheinungen vorausgesetzt werden, deren Analogien man auch auf der Erde zu beobachten und zu erforschen Gelegenheit hat.

Zöllner ist – in diesem Punkte an Newtons regula philosophandi angelehnt – entschlossen, keinerlei Spekulationen über kosmische Phänomene zu ersinnen, die nicht auf den Erkenntnissen der „irdischen Physik" ruhen, von der er voraussetzt, daß sie der Physik des Kosmos gleich ist. Man habe, so fordert er in diesem Zusammenhang, stets davon auszugehen, daß die „allgemeinen und wesentlichen Eigenschaften der Materie im unendlichen Raume überall dieselben seien". Er verweist darauf, daß zahlreiche Wahrheiten über kosmische Phänomene nur deshalb nicht längst gefunden worden seien, weil man diese materialistische Basis bei der Betrachtung der Erscheinungen außer acht gelassen habe, und führt als ein treffendes Beispiel die Hypothesen über die Sonnenflecken an. Zahlreiche Forscher hatten nämlich die Ansicht vertreten, daß die Sonne aus einem dunklen kalten Kern bestehe, der von einer leuchtenden heißen Hülle umgeben sei. Die Sonnenflecken sollten nach dieser Hypothese dadurch zustande kommen, daß man an bestimmten Stellen durch die helle Hülle unmittelbar auf den dunklen Kern blicke. Aber die einfachsten Erkenntnisse der irdischen Physik besagten, daß ein gasförmiger Körper von der Masse und Dimension der Sonne innen nur heißer sein könne als außen. Die Entdeckung der Spektralanalyse durch Kirchhoff und Bunsen (1860) hatte in der Tat gelehrt, daß die dunklen, sog. Fraunhoferschen Linien im Sonnenspektrum durch Absorption des aus einem heißen Kern stammenden Sonnenlichts in einer weniger heißen Hülle zustande kommen, womit zum erstenmal auf wissenschaftlicher Grundlage eine Sonnentheorie entwickelt werden konnte, die u. a. der älteren Auffassung von der Natur der Sonnenflecke den Todesstoß versetzte.
Die materialistische Methode, kosmische und irdische Physik aneinander anzuschließen, ist letztlich die entscheidende Wurzel aller Erfolge der Astrophysik bis in unsere Tage. Jeder Versuch, aus der irdischen Physik nicht bekannte Gesetzmäßigkeiten und Prinzipien zur Grundlage der Erklärung kosmischer Phänomene

zu machen, hat sich als unfruchtbar erwiesen und insofern nicht
einmal als heuristisches Prinzip fungiert.

Zöllners „Photometrische Untersuchungen" sind ein mit großem
Weitblick geschriebenes Werk, in dem die neue Disziplin Astrophysik nicht nur mitbegründet wird, sondern die Umrisse und
Methodik künftiger astronomischer Forschungen programmatisch
entwickelt werden.

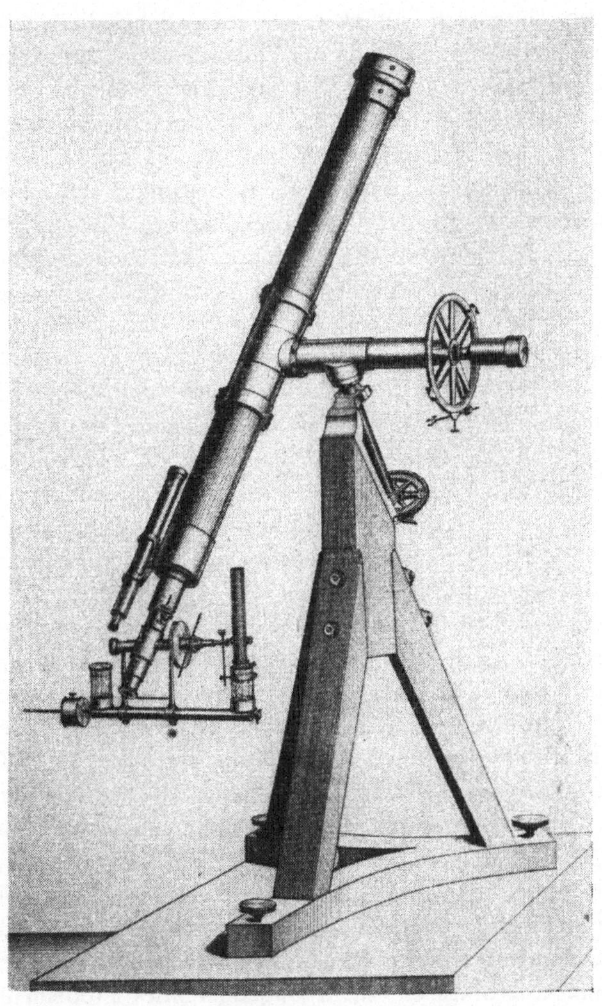

4 Zöllner-Photometer am Refraktor der Leipziger Sternwarte
(Aus: „Photometrische Untersuchungen", Tafel VI.)

Darüber hinaus enthält das Werk natürlich auch eine Fülle von Detailuntersuchungen, insbesondere auf fotometrischem Gebiet.

Die Fotometrie der Himmelskörper ist so alt wie die Astronomie als Wissenschaft. Schon der älteste Positionskatalog der Astronomiegeschichte, das Sternverzeichnis des Hipparch (2. Jh. v. u. Z.), das im „Almagest" von Ptolemäus überliefert ist, enthält neben den Ortsangaben der Sterne auch Daten über die Helligkeiten, wobei bereits die noch heute üblichen Größenklassenskala Verwendung findet. Unter den Helligkeiten werden dabei die scheinbaren, der unmittelbaren Beobachtung zugänglichen Helligkeitseindrücke verstanden (abgek. m von magnitudo – lat. Größe). Verfolgt man aber die Entwicklung der Astrofotometrie durch die Jahrhunderte, so kann man feststellen, daß sie bis ins 19. Jahrhundert keine nennenswerte qualitative Entwicklung erfuhr. In rund 1 500 Jahren waren zwar etwa 44 Helligkeitskataloge geschaffen worden, jedoch ohne daß die Verfahren der Helligkeitsbestimmung weiterentwickelt oder der Helligkeitsbegriff selbst geklärt worden wäre. Vor allem aber wußte man mit den Helligkeitsangaben im Grunde nichts anzufangen. Sie wurden ursprünglich als Zugabe zur Position der Sterne und damit als Identifikationshilfe benutzt. Während Positionen und Bewegungen der Sterne im Rahmen der Himmelsmechanik zu wesentlichen Einsichten in den Ablauf kosmischer Prozesse führten, standen die Helligkeitsangaben der Sterne unvermittelt als „zweckfreie Daten" daneben. Daß sich diese Situation von Grund auf änderte, verdanken wir ganz wesentlich dem Wirken von K. F. Zöllner.

Schon gegen Ende des 18. Jahrhunderts war das Interesse an einer damals zahlenmäßig noch sehr kleinen Gruppe von Sternen erwacht, die durch veränderliche Helligkeiten auf sich aufmerksam machten. Die Initiative zur systematischen Beobachtung dieser veränderlichen Sterne ging von F. W. Argelander aus. Er veröffentlichte im Jahre 1844 eine „Aufforderung an Freunde der Astronomie", in der er zur ständigen Beobachtung dieser Objekte aufrief. Um die Genauigkeit der visuellen Helligkeitsschätzungen zu vergrößern, entwickelte er die noch heute benutzte und nach ihm benannte Stufenschätzungsmethode. Andere Astronomen widmeten sich bevorzugt fotometrischen Meßverfahren und -geräten. Hierbei trat nun allerdings ein zuvor unbedeutendes Problem in den Vordergrund: Die Apparaturen erfassen Licht*intensitäten,*

wiedergeben. Eine Beziehung zwischen beiden fehlte jedoch. So kam es zu umfassenden Versuchen, die Helligkeitseindrücke – und damit die bislang üblichen Größenklassen – auf die Intensitäten zurückzuführen. Nach einem recht langwierigen Prozeß wurde im Zuge dieser Untersuchungen die bekannte Beziehung

$$m_1 - m_2 = -2{,}5 \lg I_1 : I_2$$

abgeleitet, in der das Weber-Fechnersche sinnesphysiologische Grundgesetz zum Ausdruck kommt, daß die Helligkeitseindrücke den Logarithmen der Intensitäten proportional sind.

In diese Diskussionen kam nun aber durch Zöllner eine ganz neue Fragestellung, nämlich das Problem der Aussagekraft fotometrischer Daten überhaupt. Zöllner legt z. B. in dem Abschnitt „Über die physische Beschaffenheit der Himmelskörper" an einem Beispiel dar, wie die Helligkeitsmessungen zur Erforschung physikalischer Zustandsformen und deren Veränderung herangezogen werden können. Das Phänomen der veränderlichen Helligkeit der damals bekannten rund 100 veränderlichen Sterne führt er auf verschiedene Entwicklungsphasen der Sterne zurück, die Bestandteil einer Sternevolution sind (vgl. S. 46 ff.). In einer der Phasen sollen sich mit fortschreitender Abkühlung Schlacken auf den Sternoberflächen ausbilden, die einen zunehmend beträchtlicheren Teil der Sternoberfläche ausfüllen und infolge der Sternrotation zum Lichtwechsel führen. Zöllner stützte diese Hypothese durch eine Reihe von Experimenten an rotierenden Kugeln, die er ungleichmäßig schwärzte und dann aus großem Abstand im Fernrohr beobachtete und fotometrierte (Abb. 5). Fast ein Vierteljahrhundert hindurch erfreute sich diese Auffassung über die Natur der veränderlichen

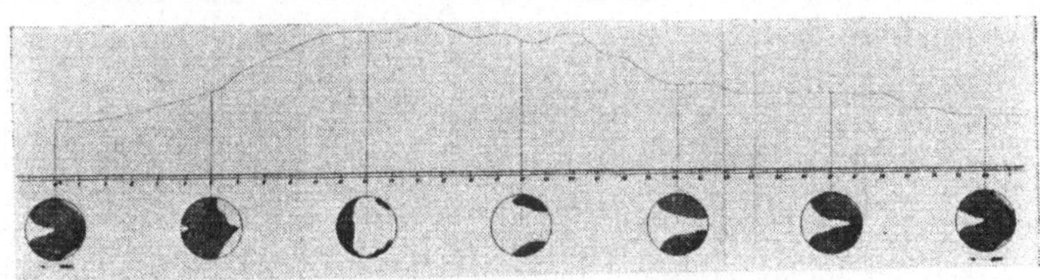

5 Zöllners fotometrische Experimente mit rotierenden Kugeln
(Aus: „Photometrische Untersuchungen", Tafel VII.)

Sterne allgemeiner Anerkennung, und der bekannte Astrophysiker
H. Seeliger bezeichnete sie als so natürlich, so allgemein und

allen Beobachtungsresultaten entsprechend, daß durch sie der forschende
Verstand vollständig befriedigt wird. Man ist deshalb berechtigt, alle anderen Erklärungen abzuweisen, wenn nicht, was in speziellen Fällen denkbar
wäre, andere Verhältnisse (das Gegenteil) verlangen. Gegenwärtig ist noch
kein Fall bekannt, wo dies eingetreten wäre. [8]

Wenn wir auch heute wissen, daß der Lichtwechsel der veränderlichen Sterne auf gänzlich andere Weise entsteht, so wurde doch
am Beispiel der Zöllnerschen Veränderlichen-Hypothese zum erstenmal die Möglichkeit einer eigenständigen Bedeutung der Fotometrie für die Erforschung der Physik der Sterne deutlich.
Ein anderes überzeugendes Beispiel für die Bedeutung der Fotometrie weit über eine allgemeine Datenregistratur hinaus, ist der
fotometrische Vergleich, den Zöllner zwischen der Sonne und dem
Fixstern Capella (ι Aurigae) ausführte. Um überhaupt die Helligkeiten über einen so weiten Bereich überbrücken zu können,
mußten zusätzliche Maßnahmen ergriffen werden, wie z. B. die
meßbare Abschwächung des Sonnenlichts, besondere Garantien
für die Konstanz der Vergleichslichtquelle u. a., da Sonne und Fixsterne nicht gleichzeitig am Himmel miteinander verglichen werden können. Zur Absicherung der Genauigkeit kam außerdem
auch das Flächenphotometer zur Anwendung, das er schon als
Schüler entwickelt hatte und bei dem die Messung durch Einstellung von Helligkeitsgleichheit zweier aneinander grenzender Flä-
chen erfolgt. Für das Intensitätsverhältnis von Sonne zu Kapella
ermittelte Zöllner unter Anwendung des Weber-Fechnerschen Gesetzes einen Wert von $5{,}576 \cdot 10^{10}$, woraus sich eine Helligkeits-
differenz von 26,87 Größenklassen ergibt (moderner Wert: 26,15
Größenklassen). Hieraus berechnete Zöllner nun unter Anwendung
des invers quadratischen Gesetzes der Abnahme der Lichtintensi-
täten mit der Entfernung, daß man die Sonne in eine Entfernung
von 3,72 Lichtjahre versetzen müßte, damit sie uns gleichhell mit
Kapella erscheint. Nach den damals bekannten Messungen über
die Parallaxe von Kapella sollte die Entfernung dieses Sterns
aber rund 71 Lichtjahre betragen (moderner Wert: etwa 45 Lichtjahre). Zöllner zog hieraus den zutreffenden Schluß, daß Capella

... eine beträchtlich größere Lichtmenge als unsere Sonne aussendet, also
letztere entweder an Größe oder an Leuchtkraft bedeutend übertrifft. [9]

Diese Feststellung ist einer der ersten Hinweise auf die ungleichen absoluten Helligkeiten der Sterne und zählt somit bereits zur Vorgeschichte der Untersuchung von Zustandsgrößen der Fixsterne, die vor allem im 20. Jahrhundert zu wesentlichen Erkenntnissen über die Natur und Entwicklung der Sterne geführt haben.

Der eigentliche Zweck der „Photometrischen Untersuchungen" bestand aber in der Untersuchung der Physik der Planeten. Zöllner ging dabei auf der Grundlage theoretischer Überlegungen namentlich vom Rückstrahlungsvermögen (Albedo) der verschiedenen Planeten aus. Charakteristisch für den behutsamen Umgang mit den Daten ist in diesem Zusammenhang sein Hinweis, daß man womöglich zunächst das Phasenverhalten der Planeten studieren solle, um dann „mit vorsichtiger Kritik" der erlangten Daten die Albedo daraus abzuleiten. Zur Einschätzung der Messungen führte Zöllner eine Reihe von Albedomessungen an verschiedenen Stoffen auf der Erde durch. Gleichzeitig überprüfte er die bereits früher von J. H. Lambert entwickelten Methoden und ausgeführten Messungen, wobei er diese z. T. als unzutreffend einschätzte. Die Vergleichsmessungen Zöllners bezogen sich auf frisch gefallenen Schnee, weißes Papier, weißen Sandstein, Tonmergel, Quarzporphyr, feuchte Ackererde und dunkelgrauen Syenit. Auch spiegelnde Substanzen wie Quecksilber, Glas und Wasser wurden in die Untersuchungen einbezogen.

Was die Ergebnisse der Untersuchungen anbelangt, so muß man sie im allgemeinen heute als überholt betrachten. Jedoch sind in vielen Fällen zutreffende Teilresultate zustande gekommen. So wurde z. B. die Erkenntnis von Zöllner

Der Merkur ist ein Körper, dessen Oberflächenbeschaffenheit mit derjenigen des Mondes sehr nahe übereinstimmt, der also auch ... wahrscheinlich keine merkliche Atmosphäre besitzt [10]

im Jahre 1973 durch die amerikanische Raumsonde Mariner 10 erstmals zweifelsfrei bestätigt.

Bezüglich der Aussagekraft der fotometrischen Untersuchungen machte Zöllner selbst die berechtigte Einschränkung, daß es der Ergänzung durch spektralanalytische Forschungen bedürfe, um zu verläßlichen Angaben über die Planeten zu gelangen. In der Tat ist dies auch der Hauptweg der Erforschung der Physik der Planeten bis zum Einsatz von Hilfsmitteln der Raumfahrt gewesen. Geradezu wegweisend in den „Photometrischen Untersuchungen" ist der Versuch Zöllners, alle festgestellten Fakten über die Planeten entwicklungsgeschichtlich zu verstehen. Dabei war sich Zöllner durchaus darüber im klaren, daß die relativ spärlichen Daten nicht ausreichten, „um auch die feineren Details der ... Eigentümlichkeiten in der äußeren Erscheinung der Planeten genügend abzuleiten".[11] Er wollte jedoch mit seinen vorläufigen Darlegungen die Überzeugung verbreiten,

daß gegründete Aussicht vorhanden ist, mit Hilfe der ... Hypothese von dem ursprünglich glühend-gasförmigen Zustande unseres Planetensystems und der infolge hiervon gleichförmigen Verteilung der Materie, alle die angeführten Eigenschaften der einzelnen Planeten als notwendige Folgen jenes Zustandes und *lediglich als verschiedene Stadien ein und desselben Entwicklungsprozesses* darzustellen. [12]

Ganz davon abgesehen, daß sich diese Grundidee Zöllners als tragfähig erwiesen hat und letztlich die gesamte Planetenforschung in den letzten hundert Jahren diesem Leitmotiv gefolgt ist, verdient die Betonung des Entwicklungsgedankens durch Zöllner insofern besondere Würdigung, als die Annahme einer allgemeinen Evolution der kosmischen Körper damals keineswegs zum wissenschaftlichen Allgemeingut gehörte. Zöllner kommt vielmehr das entscheidende Verdienst zu, den bereits rund 100 Jahre zuvor durch I. Kant in die Astronomie eingeführten Entwicklungsgedanken erneut aufgegriffen und popularisiert zu haben. Außer ihm haben sich damals nur Friedrich Engels im Zusammenhang mit philosophischen Diskussionen und Hermann v. Helmholtz vom physikalischen Standpunkt aus für die wissenschaftliche Untersuchung von Entwicklungsvorgängen kosmischer Objekte entschieden ausgesprochen (vgl. S. 46 ff.).

Als Professor in Leipzig

Am 17. Februar 1865 bestand Zöllner das im Rahmen des Habilitationsverfahrens erforderliche Kolloquium. A. F. Möbius prüfte ihn in analytischer Geometrie und Hankel in Physik über die Lehre vom Licht. Die Probevorlesung am 24. Februar zeigte nach dem Urteil des Gutachtens, daß Zöllner „seines Gegenstandes mächtig war und ihn mit Gewandtheit zu entwickeln wußte".[13] Am 13. Februar verteidigte er öffentlich seine Habilitationsschrift und die angefügten Thesen, so daß der Weg für die Lehrbefugnis (venia legendi) offenstand.

Mehrfach im Laufe der Jahre bewarben sich andere Universitäten um Zöllner, der zwar keine der Berufungen annahm – jedoch für seine Stellung in Leipzig daraus nicht ungeschickt Kapital zu schlagen verstand. Schon im Jahre 1866 bemühte sich der Physikalische Verein in Frankfurt/M., ihn als Nachfolger des bekannten Physikers F. Kohlrausch zu verpflichten – eine Stellung, die mit einer Reihe günstiger Bedingungen verbunden war. Zöllner reiste nach Frankfurt, machte sich mit den Einzelheiten des Angebots an Ort und Stelle bekannt und setzte das Königliche Kultusministerium in Dresden, seine vorgesetzte Dienstbehörde, von dem Angebot in Kenntnis. Von dort erhielt er die Antwort, daß sein Weggang außerordentlich bedauert würde und man ihm bei Bereitschaft zur Übernahme mathematischer Vorlesungen eine feste Besoldung von 500 Talern in Aussicht stelle. Daraufhin sagte Zöllner in Frankfurt ab und wurde noch im Dezember 1866 zum außerordentlichen Professor ernannt. Bei seinen mathematischen Vorlesungen beschränkte er sich allerdings nach eigenem Wunsch auf „solche, mehr elementare Capitel", die „sowohl für Studierende der Medizin von Wichtigkeit, als auch namentlich geeignet sind, eine passende Vermittelung zwischen den mathematischen Gymnasialkenntnissen und den höheren Teilen der Mathematik zu bilden, welche letztere durch zahlreiche und ausgezeichnete Lehrkräfte an hiesiger Universität vertreten sind".[14]

Ein weiteres Angebot, das Zöllner ebenfalls geschickt nutzte, um seine Leipziger Stellung im Sinne seiner selbstgesetzten wissenschaftlichen Zielstellung zu verbessern, kam im Frühjahr des Jahres 1868 aus Pulkowo, der berühmten russischen Sternwarte am Rande von Petersburg (heute Leningrad, UdSSR), die damals von Otto Wilhelm von Struwe geleitet wurde. Zöllner und Struwe hatten sich bei der Gründung der „Astronomischen Gesellschaft" im Jahre 1863 in Heidelberg kennengelernt und sich bei Versammlungen dieser Gesellschaft in den Jahren 1865 in Leipzig und 1867 in Bonn wiedergesehen. Seit jener Zeit verband die beiden Gelehrten ein freundschaftlicher wissenschaftlicher Briefwechsel. Schon 1864 hatte Struwe ihn zur 25-Jahrfeier der Sternwarte Pulkowo eingeladen. Allerdings machte Zöllner damals angesichts der gerade im Entstehen begriffenen Habilitationsschrift keinen

Gebrauch von dieser Einladung. Struwe war natürlich über die astrophysikalischen Ambitionen Zöllners bestens informiert. Außerdem war er einer der wenigen Astronomen seiner Generation, der sich aus innerer Überzeugung für die Anwendung der neuartigen Untersuchungsmethoden zu erwärmen vermochte. Er vertrat z. B. die Meinung, daß man auch in Rußland die astrophysikalischen Untersuchungsmethoden einführen und aktivieren solle. Als im Jahre 1866 die Stelle des Direktors der Sternwarte in Vilnius vakant wurde, zog er bei seinen Überlegungen auch Zöllner in die engere Wahl, der davon „unter der Hand" durch Wilhelm Foerster erfuhr. So hatte Struwe z. B. 1866 vor der Petersburger Akademie „über die Stellung der Astrophysik in der Astronomie" gesprochen. In einem Brief an Struwe betonte Zöllner, daß es ihm große Freude bereiten würde, sich

in eine Lage versetzt zu sehen, in der ich die bisher von mir betretene astrophysikalische Richtung in größerem Umfange weiter zu verfolgen imstande wäre, als mir dies bisher ... möglich gewesen ist. [15]

Freilich frage es sich, ob ihm als Ausländer eine ungestörte Fortsetzung seiner Arbeiten in Vilnius möglich gewesen wäre. Nach Struwes Erläuterungen war dies stark zu bezweifeln, so daß Zöllner, der sein definitives Interesse an der Stellung bereits bekundet hatte, Abstand nahm.

Der Versuch Struwes, Zöllner nach Pulkowo zu holen, hatte also eine längere Vorgeschichte. Das Angebot selbst verband Struwe eng mit der Hoffnung, auf diese Weise die Astrophysik in Rußland zu etablieren. In dem Schreiben vom 14. Mai 1868 heißt es hierzu:

Es würde Ihnen nämlich ... hier die Aufgabe gestellt werden, die Astrophysik speziell zu kultivieren und bei uns einzubürgern, wobei ich es mir zum besonderen Vergnügen anrechnen würde, Ihnen nach Möglichkeit alle Hilfsmittel zur Disposition zu stellen. Außerdem wäre es Ihre Aufgabe, uns in allen physikalischen Fragen, die ja jetzt auf Schritt und Tritt in die Astronomie eingreifen, mit Rat und Tat beizustehen.

Interessant ist ein nachfolgender Zusatz in diesem Brief, der nachhaltig verdeutlicht, in welch hohem Maße das persönliche Engagement der Forscher bei der Durchsetzung der Astrophysik von Bedeutung gewesen ist. Struwe fügt nämlich hinzu:

Es dürfte Sie vielleicht wundern, daß ich nicht schon vor Jahren an Sie eine solche Anfrage gerichtet habe ... Darauf kann ich nur sagen, die Zeit mußte erst die Frucht reifen. Und auch jetzt ist die Frucht erst insofern reif, daß bei *mir persönlich* (Hervorh. v. Struwe) ... die Ansicht feststeht, daß es in hohem Maße wünschenswert ist, einen tüchtigen Astrophysiker an unserer Sternwarte zu haben.

Struwe bat um eine rasche Entscheidung Zöllners, da wegen des mit Zöllners Berufung zu erwartenden „bedeutenden Abgehens" von der früheren ausschließlichen Richtung der Forschungsarbeiten in Pulkowo noch das dortige Sternwarten-Komitee befragt werden müßte. Nach einem weiteren, die Einzelheiten der Petersburger Stellung erläuternden Brief Struwes machte Zöllner pflichtgemäß wiederum dem Kultusministerium von dem Anerbieten Mitteilung. In diesem Zusammenhang erläuterte er ausführlich den wissenschaftlichen Kern des Angebots, nämlich die damit entstehenden Möglichkeiten intensiverer astrophysikalischer Forschung. Die „physikalische Untersuchung des Lichtes der Gestirne mit Hilfe der Spektralanalyse, Fotometrie und Fotografie" sei der neueste Zweig der Astronomie und er – Zöllner – dürfe sich schmeicheln, diesen Zweig durch eigene Untersuchungen wesentlich gefördert zu haben:

Daß derselbe fast täglich an Bedeutung gewinnt, beweist ... auch die Tatsache, daß gegenwärtig den größeren Sternwarten des Auslandes mit nicht unbeträchtlichem Aufwande von Mitteln Physiker zur ausschließlichen Kultivierung des erwähnten Zweiges aggregiert sind ... nur Deutschland, welches als die Geburtsstätte der Fotometrie und Spektralanalyse ganz besonders zur wissenschaftlichen Ausbeute dieser Methoden berufen wäre, hat bis jetzt keine Sternwarte aufzuweisen, welcher für diesen Teil der Astronomie entsprechende Mittel zur Verfügung gestellt wären. [16]

Nach der Versicherung, daß die Verlockung zur Annahme des Angebotes für ihn groß sei, ersuchte er um eine persönliche Aussprache mit dem Minister für Kultur P. v. Falkenstein. Doch schon zuvor erhielt er zur Antwort, daß man sein Weggehen von Leipzig sehr bedauern würde, aber keine gleichermaßen attraktiven „Gegenofferten" unterbreiten könne. Sowohl in einer mündlichen Unterredung als auch brieflich erläuterte Zöllner daraufhin dem Minister die

materiellen Bedingungen, unter denen ich in Leipzig vorläufig mit ausreichendem Erfolge die Astrophysik zu fördern imstande sein und mich entschließen würde den Ruf nach Pulkowo abzulehnen.

Die Folge war eine erhebliche Verbesserung der Besoldung, Mittel zur Anschaffung von Instrumenten und für den Bau einer Kuppel. Gegenüber Struwe erklärte Zöllner nun in einem Brief vom 23. 6. 1868 seine Ablehnung des ehrenvollen Angebotes. Er sei von den ihm vom Ministerium eingeräumten Möglichkeiten nicht weniger überrascht gewesen als von dem Pulkowoer Angebot, denn bei der Übernahme seiner Professur sei ihm ausdrücklich erklärt worden, daß man die Astrophysik lediglich als eine Spezialität betrachten könne, zu deren Förderung das Ministerium keine besonderen Mittel bereitstellen könne. Gleichzeitig erklärte er sich bereit, die Vorbereitungen astrophysikalischer Arbeiten in Pulkowo durch einen mehrwöchigen Aufenthalt mit Rat und Tat zu unterstützen. Er folgte dann noch im Sommer des laufenden Jahres der Einladung Struwes und verbrachte mehrere Wochen mit Struwe in Pulkowo. Ein von der Firma Ausfeld in Gotha gerade fertiggestelltes Fotometer wurde bei dieser Gelegenheit in Pulkowo ausgiebig getestet. In seinen „Wissenschaftlichen Abhandlungen" erinnerte er sich dankbar des angenehmen Aufenthaltes und der zahlreichen Anregungen, die er „durch den Einblick in die Organisation und glänzende Ausstattung des großartigen und von der russischen Regierung in liberalster Weise ausgestatteten Observatoriums erhielt".[17]

6 Zöllner mit einer Gruppe von Astronomen auf der Freitreppe des Observatoriums Pulkowo (links neben Zöllner sitzend: O. W. Struwe)

Indirekt führten die engen freundschaftlichen Kontakte zwischen
Zöllner und Struwe dann doch zur Einführung astrophysikalischer
Beobachtungen am russischen Hauptobservatorium, die durch jun-
ge Wissenschaftler getragen wurden, die Struwe eigens zu diesem
Zweck ins Ausland schickte, wo sie sich mit den neuartigen Untersuchungsmethoden bei den Pionieren dieser jungen Disziplin ver-
traut machten. Zöllner selbst hat sogar einen Personalvorschlag
unterbreitet, der jedoch aus verschiedenen Gründen nicht realisiert
werden konnte.

Noch im Jahre 1868 erging ein weiterer Ruf an Zöllner, diesmal
aus Erlangen, wo Prof. W. Beetz einen vakanten Lehrstuhl hin-
terließ. Zöllner setzte das Ministerium auch von diesem Angebot
in Kenntnis, ohne aber die Annahme des Rufes überhaupt ins
Auge zu fassen.

Schon im Jahre 1869 realisierte Zöllner den Bau der kleinen Kuppel an der Leipziger Sternwarte, um spezielle astrophysikalische
Beobachtungen durchführen zu können.

Nachdem Zöllner im Jahre 1869 zum ordentlichen Mitglied der
Kgl. Sächsischen Akademie der Wissenschaften gewählt worden
war, kam es im Jahre 1872 zu einer Umwandlung seiner außerordentlichen Professur in eine ordentliche. Auch bei dieser Beför-
derung hat wiederum ein an ihn ergangener Ruf eine Rolle ge-
spielt, der diesmal aus Straßburg kam.

Zu diesem Zwecke stattete der Minister v. Roggenbach Zöllner
sogar einen Besuch in dessen Leipziger Wohnung ab, wo er die
Einzelheiten mit ihm durchsprach. Obwohl Zöllner schon bei dieser Gelegenheit „im Hinblick auf das wohlwollende Entgegenkom-
men der Königl. Sächsischen Staatsregierung und die individuelle
Unabhängigkeit" seiner Stellung in Leipzig die Ablehnung begründete, erhielt er dennoch Mitte Januar 1872 ein Schreiben des
Ministers, in dem das Angebot erneuert wurde. Bei der für Zöllner in Aussicht genommenen Stellung handelte es sich um eine
Professur für Astrophysik und das Direktorat eines zu erbauenden
astrophysikalischen Institutes. Zöllner begründete daraufhin in einem ausführlichen Schreiben erneut seine Ablehnung und unterbreitete gleichzeitig andere personelle Vorschläge. Von der be-
dingungslosen Ablehnung des Rufes gab er seinen eigenen
Vorgesetzten Mitteilung, was dort natürlich einigen Eindruck
machte. Zöllner selbst kommentierte diesen Vorgang mit den Wor-

ten, ihm seien „Freiheit und persönliche Unabhängigkeit" die höchsten Werte, die durch „irdische Güter und Auszeichnungen" nicht ersetzt werden könnten.

Auf Zöllners Mitteilung an das Ministerium reagierte dieses mit einem Schreiben an die Philosophische Fakultät der Universität und unterbreitete den Vorschlag, ihn zum ordentlichen Professor zu ernennen, dem die Universität im Jahre 1872 folgte.

Bevor wir auf Zöllners Forschungbeiträge zur Astrophysik und die dadurch ausgelösten Impulse näher eingehen, wollen wir noch kurz nach den Resultaten seiner akademischen Lehrtätigkeit in Leipzig für die Entwicklung der Astrophysik fragen.

Vom Wintersemester 1867/68 hielt Zöllner ununterbrochen bis kurz vor seinem Tode im Jahre 1882 Vorlesungen an der Universität, die ein breites Spektrum wissenschaftlicher Probleme überdeckten. Zu den Gegenständen seiner akademischen Lehrtätigkeit zählten u. a.: Agrikultur-Physik, Mathematik für Mediziner, Meteorologie, analytische Geometrie sowie Sinnestäuschungen und elektrodynamische Theorie der Materie. Ab 1872 hielt er fast ununterbrochen auch Vorlesungen zu philosophischen Problemen, so über die Prinzipien der Erkenntnistheorie und ihre Anwendung auf die Naturwissenschaften, über Kants naturwissenschaftliche Schriften, über Platons Theorie der Erkenntnis, über die metaphysische Deduktion der Naturgesetze u. a. Einen besonderen Schwerpunkt seiner Lehrtätigkeit bildeten natürlich die Vorlesungen zur Astrophysik, die hinsichtlich ihres Umfanges rd. ein Drittel ausmachten. Wichtige Ankündigungstitel seiner astrophysikalischen Themen lauteten: „Über Photometrie und Spektralanalyse der Gestirne", „Über die physische Beschaffenheit der Himmelskörper", „Entwicklungsgeschichte der Weltkörper" und „Physische Beschaffenheit der Sonne". Erstmals im Wintersemester 1874/75 setzte Zöllner eine Vorlesung von 4 Wochenstunden direkt unter dem Titel „Astrophysik" an. Es könnte sich hierbei möglicherweise um die erste akademische Lehrveranstaltung für Astrophysik in der Welt überhaupt gehandelt haben.

Als akademischer Lehrer war Zöllner nach übereinstimmenden Schilderungen von Zeitgenossen eine anregende und fesselnde Persönlichkeit. Die Vorlesungen sollen sich durch „Geist und Feuer" ausgezeichnet haben. Für die intensive Art der Darlegung seiner Ansichten spricht auch das Zeugnis des Astronomen Julius Schmidt

(Athen), der mehrere Abende in stundenlangen Gesprächen mit Zöllner verbracht hatte und sich daran mit den Worten erinnert:

Er besaß die manchen Gelehrten mangelnde Eigenschaft, über schwierige Dinge besonders eindrucksvoll und verständlich zu reden. ... Mit wenigen Zügen der Feder, mit Papierstreifen und sonstigem Geräte operierte er in ausgezeichneter Weise, um ... Probleme zu erörtern, die man sonst nur mit gewichtigem gelehrtem Apparate zu behandeln gewohnt ist. Vielseitig in hohem Maße, nach vielen Seiten hin das Gebiet der Astronomie überschreitend, wußte er ... in seltener und anziehender Weise zu reden. [18]

So verwundert es auch nicht, daß er Hörer verschiedener Fakultäten und Fachrichtungen um sich versammelte. Allerdings gelang es ihm auf diesem Wege beim damaligen Stand der Astrophysik nicht, eine eigentliche „Schule" aufzubauen. Der „ungewöhnliche, geistvolle, stets denkende und deshalb zum Mitdenken reizende Lehrer" begutachtete insgesamt in der Zeit seiner Lehrtätigkeit fünf Dissertationen, von denen jedoch keine einzige astrophysikalische Probleme behandelte. Auch die anderen astronomischen Dissertationen an der Leipziger Universität in jener Zeit, zumeist von Bruhns oder Scheibner betreut, galten ausschließlich den Problemen der etablierten klassischen Astronomie, wenn man die Arbeit von F. G. Hahn über die Beziehungen zwischen meteorologischen Erscheinungen und Sonnenfleckenperiode (1877) ausnimmt.
Die Wirksamkeit Zöllners für die weitere Ausbildung der astrophysikalischen Forschung ist dennoch nicht gering zu veranschlagen. Er hatte vielmehr einen entscheidenden Einfluß auf die Institutionalisierung dieser Disziplin in Deutschland. Darüber hinaus trug er natürlich durch seine fundamentalen eigenen wissenschaftlichen Arbeiten auch international zur Durchsetzung der neuen Disziplin erheblich bei.

Spektroskopische Studien

Die Möglichkeit, durch die spektrale Zerlegung des Lichts kosmischer Objekte Aussagen über deren chemische und physikalische Beschaffenheit abzuleiten (Spektralanalyse), war zweifellos in den Anfangsjahren der neuen Disziplin Astrophysik deren tragende Säule. Die Herausbildung der Spektroskopie als Untersuchungsmethode datiert praktisch mit dem Erscheinen der berühmten Arbeit von G. R. Kirchhoff und R. W. Bunsen „Chemische Analyse durch Spectralbeobachtungen" (1860). Unmittelbar nach der Veröffentlichung dieser im besten Sinne sensationellen Arbeit entstand eine Fülle von weiterer Publikationen der Vertreter verschiedenster Wissenschaftsdisziplinen, die sich mit der neuen Methode intensiv beschäftigen: Die Chemiker fanden mit ihrer Hilfe binnen weniger Jahre zahlreiche neue Elemente, die Physik begrüßte sie als Hilfsmittel zur präzisen Bestimmung von Wellenlängen, in der Astronomie aber rief die Spektralanalyse eine ausgesprochene Revolution hervor; über kosmische Distanzen hinweg wurde es nun möglich, Informationen über die Beschaffenheit der Himmelskörper zu erlangen.

Die Spektralanalyse erschien nicht unvermittelt auf der historischen Bühne. Bedeutende Untersuchungen zur prismatischen Zerlegung des Lichts reichen bis zu Isaac Newton zurück, der als Begründer dieser Forschungseinrichtung gelten kann. Namen wie Wollaston und Fraunhofer stellen wichtige Etappen in der Vorgeschichte der Entdeckung von Kirchhoff und Bunsen dar. Gegen Ende der fünfziger Jahre gab es bereits eine durch langjährige Untersuchungen genährte lebhafte Diskussion über die Aussagekraft von Spektren gefärbter Flammen. Zöllner war damals Student an der Berliner Universität. Auch ihn beschäftigten bereits die Probleme um die Bedeutung der Spektren. Eines Tages unterhielt er sich mit seinem Physikprofessor H. W. Dove über diese Probleme und äußerte die Hoffnung, daß man möglicherweise eines Tages mit Hilfe der Zerlegung des Sternenlichtes sogar etwas über die Zusammensetzung dieser Himmelskörper erfahren könne. Doch die anerkannte Autorität donnerte, wie Zöllner berichtete, im preußischen Korporalston zurück: „Was die Sterne sind, wissen wir nicht und werden es nie wissen."[19] Retrospektiv mutet gerade diese Äußerung kurios an: Schon ein Jahr später zeigte sich, daß die Hoffnung des jungen Studenten sehr berechtigt gewesen war, während der Fachexperte schlagend widerlegt wurde.

Die spektroskopischen Arbeiten nahmen innerhalb der Aktivitäten der zahlenmäßig wenigen Astrophysiker jener Anfangsjahre einen breiten Raum ein. Fast die Hälfte aller astrophysikalischen Arbeiten, die während der Jahre 1860 bis 1877 erschienen, befaßte sich mit spektroskopischen Problemen, während z. B. der Fotometrie nur ein Fünftel aller Publikationen galten.

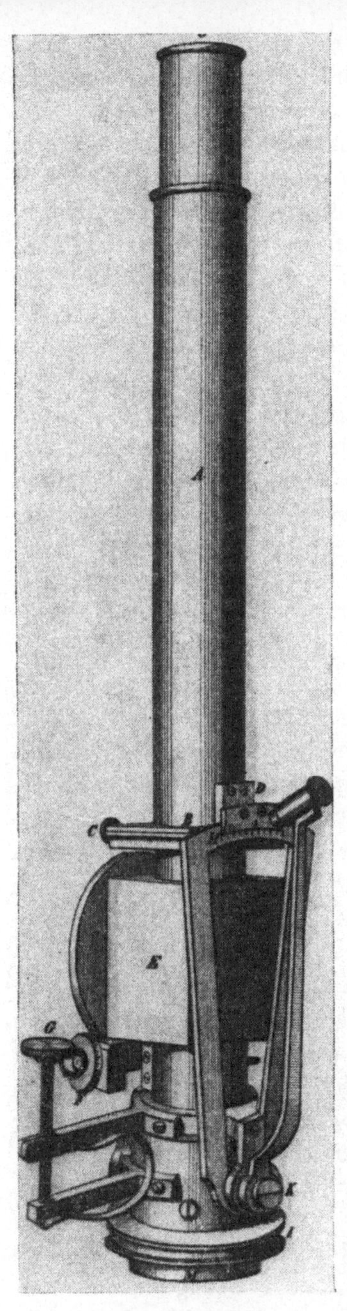

7 Zöllners spektro-
skopisches Reversions-
fernrohr
(Aus: Berichte der
Kgl. Sächs. Gesell-
schaft der Wissen-
schaften I. II. 1872.
S. 134 a)

Auch Zöllner selbst hatte natürlich die Bedeutung der Spektroskopie für den Ausbau der Astrophysik klar erkannt und eine Reihe eigener wichtiger Arbeiten zu diesem Problemkreis in Angriff genommen. Sein Beitrag zur Entwicklung der Spektroskopie besteht vor allem in der Konstruktion spektroskopischer Apparate, dem Studium der Physik der Sonne sowie Vorschlägen zur Entwicklung einer Spektralfotometrie, die sich insbesondere im frühen 20. Jahrhundert als ein außerordentlich wichtiges Hilfsmittel bei der Erforschung der Sternphysik erwies.

Eine interessante Idee liegt dem 1869 entworfenen Reversionsspektroskop zugrunde. Mit Hilfe dieses Instrumentes ist es möglich, von einem strahlenden Objekt zwei Spektren in entgegengesetzter Farbfolge zu entwerfen, indem die Strahlenbündel, die aus einem zerschnittenen (Heliometer-) Objektiv treten, vermittels zweier Geradsichtprismen mit entgegengesetzter Dispersion gelenkt werden. Mikrometrische Bewegungen der beiden Objektivhälften gestatten noch zusätzlich eine seitliche oder vertikale Verschiebung der Spektren. Dadurch kann man jede Linie eines Spektrums mit jeder Linie des umgekehrten Spektrums zur Deckung bringen. Betrachtet man nach einer entsprechenden Laboreichung nun das Spektrum einer gegen den Betrachter radial bewegten Lichtquelle, so treten bekanntlich Dopplersche Verschiebungen der Linien auf. Bringt man wiederum zwei bestimmte Linien der beiden Spektren zur Deckung, so muß man zwangsläufig eine andere Einstellung des Kollimaterobjektives ablesen. Wegen der entgegengesetzt verlaufenden Einzelspektren liest man den doppelten Betrag der Linienverschiebung ab. Zöllner beabsichtigte, mit Hilfe seines Reversionsspektroskopes die Radialbewegung kosmischer Körper zu messen. Die Kenntnis dieser Bewegungen würde – wie er richtig erkannte – zusammen mit den Eigenbewegungen der Fixsterne (Tangentialkomponente ihrer räumlichen Bewegung) ein zutreffendes Bild von der tatsächlichen Bewegung der Sterne im Raum abgeben. Später haben solche kombinierten Messungen einen unverzichtbaren Beitrag zur Erforschung der Kinematik und Dynamik unseres Sternsystems geleistet.

Die Anregung zur Konstruktion des Reversionsspektroskopes dürfte die Meldung von der ersten geglückten Messung einer Radialgeschwindigkeitsmessung am Stern Sirius durch W. Huggins in

England gegeben haben. Diese Messung erwies sich allerdings
später als sehr ungenau, wie sich überhaupt zeigte, daß die visuellen Messungen von Linienverschiebungen recht subjektiv und damit problematisch waren.

Anfang der siebziger Jahre vereinfachte Zöllner das Reversionsspektroskop, indem er die Umkehreinrichtung vor dem Okular an-
brachte. Damit wurde es möglich, das Prinzip bei jedem beliebigen Spektroskop zu verwenden, ohne daß ein zerschnittenes
Kollimatorobjektiv erforderlich war. Dem Instrument war allerdings nicht derselbe Erfolg beschieden wie dem Zöllnerschen
Fotometer. Dies lag vor allem daran, daß die mit dem Reversionsspektroskop beabsichtigte Steigerung der Genauigkeit von
Spektralmessungen sich leichter durch größere Dispersion und
hochpräzise Mikrometerschrauben erzielen ließ, wozu die rasche
Weiterentwicklung der Feinmechanik in jenen Jahren bald gute
Voraussetzungen schuf. So wurde beispielsweise ein Versuch von
H. C. Vogel, Zöllners Freund und Schüler, die Sonnenrotations-
geschwindigkeit durch die unterschiedlichen Linienverschiebungen
in den Spektren der beiden Sonnenränder zu messen, bald durch

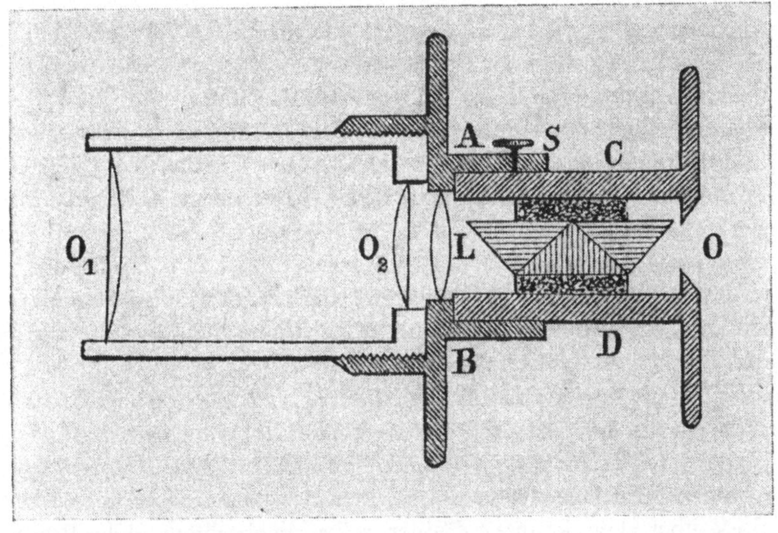

8 Zöllners Okularspektroskop
(Aus: Berichte der Kgl. Sächs. Ges. d. Wiss., Mathem.-Phys. Klasse I. II.
1874. S. 24.)

C. A. Young übertroffen, der ein Diffraktionsgitter für seine Versuche verwendete.

Die wissenschaftliche Fragestellung aber, die zu dem Entwurf des Instruments geführt hatte, erwies sich als wegweisend bei der weiteren astrophysikalischen Forschung.

Einen hervorragenden Beitrag leistete Zöllner auch zur Realisierung von Protuberanzen-Beobachtungen außerhalb totaler Sonnenfinsternisse. Protuberanzen sind gewaltige Materiewolken, die über die Chromosphäre der Sonne hinausragen. Sie konnten jedoch stets nur bei totalen Sonnenfinsternissen gesehen werden, weil dann das Licht der Sonnenscheibe durch den Mond abgedeckt ist. Die Erforschung dieses Phänomens machte deshalb verständlicherweise nur sehr langsame Fortschritte. Um die Mitte des 19. Jahrhunderts herrschten über die Natur der Protuberanzen noch äußerst unklare Vorstellungen, z. T. wurden sie als gar nicht zur Sonne gehörig, sondern als Phänomene des Mondrandes betrachtet. Einen bedeutsamen Fortschritt stellte daher die Erfindung des Protuberanzenspektroskops durch Janssen und Lockyer, zwei Pioniere der Astrophysik in Frankreich bzw. England, dar, die nahezu gleichzeitig, aber unabhängig voneinander, zu ihrer Konstruktion gelangten.

Die Sonnenprotuberanzen strahlen nur in einigen diskreten Wellenlängen des sichtbaren Lichts, während sich das Licht der Sonnenphotosphäre auf alle Wellenlängen verteilt. Wird nun das Spektrum des Sonnenlichts durch ein stark brechendes Spektroskop praktisch nur in einem Wellenlängenbereich betrachtet, der den Protuberanzen-Emissionen entspricht, so werden die Protuberanzen mit voller Intensität, die übrige Sonne jedoch extrem geschwächt abgebildet. Um die Protuberanz in ihrer ganzen Gestalt zu erkennen, war es allerdings erforderlich, den Spalt des Spektroskops radial zum Sonnenrand auszurichten und dann die Figur der Protuberanz sukzessive abzutasten.

Als Zöllner von dieser instrumentellen Neuerung erfuhr, begann er ebenfalls mit entsprechenden Versuchen und legte bald ein verbessertes Instrument vor, mit dessen Hilfe man infolge tangentialer Spaltlage die gesamte Figur der Protuberanz mit einem Blick übersehen konnte. Zöllner selbst beobachtete viele Protuberanzen und zeichnete deren Gestalt auf. Nach diesem Erfolg wurde die Firma Merz beauftragt, ein speziell zur Beobachtung

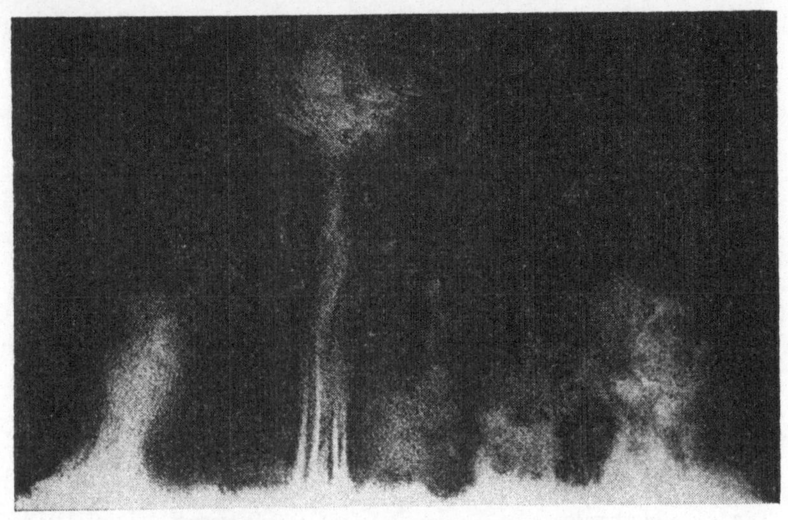

9 Protuberanzenbeobachtung von K. F. Zöllner (29. August 1869, 11^{h}20^m)
(Aus: Berichte ... 1870. Tafel I. Fig. 2.)

von Sonnenprotuberanzen geeignetes Spektroskop zu konstruieren, das später erfolgreich an mehreren Sternwarten Verwendung fand. Zöllners Vortrag über diese neuartige Beobachtungsmöglichkeit im Februar 1869 vor der Königlich-Sächsischen Gesellschaft der Wissenschaften wurde mit großem Beifall aufgenommen und war wohl der äußere Anstoß dafür, daß er zum Mitglied der Gesellschaft gewählt wurde.

Nachdem Merz in München eine entsprechende Konstruktion entwickelt und Zöllner sich von deren Eignung überzeugt hatte, wurde die Leipziger Firma Tauber mit der Herstellung solcher Protuberanzenspektroskope betraut, die den Sternwarten in Wien, Breslau, Leyden, Palermo u. a. auf deren Bestellung geliefert wurden.

Eine außerordentlich aktuelle Fragestellung der jungen Astrophysik nach der Mitte der sechziger Jahre des 19. Jahrhunderts betraf die Aussagekraft der Spektren von Sternen. Diese Problemstellung hat die Astrophysiker bis weit in das 20. Jahrhundert hinein beschäftigt, und ihre prinzipielle Lösung zählt zu den bedeutendsten Errungenschaften bei der Erforschung der Objekte des Weltalls überhaupt. Schon Fraunhofer hatte um 1817 die qualitative Feststellung gemacht, daß sich die Spektren der Sterne voneinander unterscheiden.

Die Entdeckung der Spektralanalyse erhöhte verständlicherweise das Gewicht dieser Tatsache und lenkte die Aufmerksamkeit vieler Astrophysiker auf diese Frage. Der italienische Forscher A. Secchi studierte die Unterschiede der Sternspektren und teilte sie 1866 in drei Klassen ein. Damit war der Grund zu jahrzehntelangen Bemühungen um eine physikalisch begründete Spektralklassifikation gelegt. Der Einteilung lagen nämlich zunächst lediglich morphologische Merkmale zugrunde, wobei die Folge der drei Spektralklassen gleichzeitig eine Folge der Sternfarben von weiß (Typ I) über gelb (Typ II) zu rot (Typ III) darstellte.

Spektraltypen nach Secchi (1866):

Typ	Merkmale	Vertreter
I	Wasserstofflinien und einige Linien im gelben und grünen Teil des Spektrums auf kontinuierlichem Grund	Sirius, Wega, Rigel
II	Große Zahl von Linien in allen Bereichen des Spektrums	Arktur, Sonne
III	Zusätzlich zu verwaschenen Streifen mit dunklen Linien treten schattierte Bänder auf	Beteigeuze, Antares

Damit ergab sich folgerichtig die Frage nach der physikalischen Bedeutung der unterschiedlichen Spektraltypen, zumal die Folge der Farben von weiß bis rot die „Abkühlungssequenz" darstellt, weil ein strahlender Körper mit sinkender Temperatur nacheinander diese Farben annimmt.

Sollten die weißen Sterne gegenüber den roten die heißeren sein? Welche Bedeutung hätte diese Tatsache? Hängt die Farbe und somit die Temperatur der Sterne eventuell mit unterschiedlichen Entwicklungsstadien der Sterne zusammen? Alles dies waren Fragen, die sich den wenigen astrophysikalisch denkenden Astronomen förmlich aufdrängten und deren konsequente Beantwortung tatsächlich zu grundlegenden Einsichten in das Wesen der Sterne geführt hat.

Zöllner erkannte die Bedeutung solcher und ähnlicher Fragen in ihrer ganzen Tragweite. Er vertrat die Ansicht, daß die wesentlichen Unterschiede in den Spektren der Fixsterne wahrscheinlich nur von der Temperatur und Masse der Sterne abhängen und veröffentlichte zur näheren Klärung dieser Problematik im Jahre 1870 eine Studie „Über den Einfluß der Dichtigkeit und Temperatur auf die Spectra glühender Gase". Darin formulierte er die Erkenntnis, daß der Linienreichtum von Fixsternspektren unter sonst gleichen Bedingungen um so größer ist, je niedriger die Temperaturen liegen. Ein Blick auf die Kriterien der Secchischen Spektralklassen macht deutlich, daß hierdurch die bereits kolorimetrisch nahegelegte Annahme von der Folge der Spektren als Folge der unterschiedlichen Temperaturen eine Stützung erfuhr.

Zöllner erkannte auch die außerordentliche Bedeutung der Spektralklassifikation für die Gewinnung von Aussagen über die Natur der Sterne. Bereits Anfang der 70er Jahre wies er darauf hin, daß man bei Kenntnis der Kirchhoffschen Funktion (Verteilung der Energie eines Strahlers auf die einzelnen Wellenlängen seines Spektrums als Funktion seiner Temperatur) durch Spektralfotometrie Sterntemperaturen zuverlässig bestimmen könne. Dies ist prinzipiell völlig zutreffend und mit der Entdeckung des Planckschen Strahlungsgesetzes (1900) auch praktisch möglich geworden. Zöllner hatte sogar eine Reihe von Experimenten angestellt, um auch ohne Kenntnis der Kirchhoffschen Funktion die relativen Temperaturen von Sternen ermitteln zu können.

Um jedoch Fixsternspektren auch massenweise untersuchen zu können, ist es erforderlich, möglichst einfach handhabbare Klassifikationskriterien zu besitzen. Zöllner untersuchte z. B. die Farben von 37 Sternen durch Anwendung kolorimetrischer Beobachtungen und unterbreitete dann den Vorschlag, bei hinreichendem Material die Farbangaben über die Sterne mit den Secchischen Spektralklassen derselben Objekte zu vergleichen. Er erhoffte sich davon eine durchgreifende Vereinfachung der Spektralklassifikation. Dieser Vorschlag erinnert an die später von K. Schwarzschild eingeführte Methode der Farbindizes als Ersatz für Präzisionsklassifizierungen. Schwarzschild schlug im Jahre 1900 vor, als Maß für die Intensitätsverteilung in den Spektren der Fixsterne die Differenz der scheinbaren Helligkeiten in zwei verschiedenen Spektralbereichen (= Farbenindex) zu benutzen. Dadurch läßt sich auf einfache Weise der Spektraltyp der Sterne bestimmen, da zwischen dem Farbindex und dem Spektraltyp der Sterne eine eindeutige Beziehung besteht. Auch zahlreiche andere Bemühungen um die Klärung der Aussagekraft von Spektren finden wir, z. T. verstreut, in den verschiedenen Schriften Zöllners. So versuchte er z. B. den Einfluß des Drucks auf die Intensität bestimmter Linien festzustellen. Diese Versuche wurden später durch die Entdeckung spektraler Leuchtkraftkriterien der Sterne (Adams und Kohlschütter 1914) zu einem aussagekräftigen Abschluß geführt.

Beiträge zum Evolutionsgedanken

Von alters her war man der Überzeugung gewesen, daß die Objekte des Kosmos einmal entstandene oder erschaffene Gebilde darstellen, die keiner Veränderung oder Entwicklung unterliegen. Den ersten „Angriff auf die Ewigkeit des Sonnensystems" (Engels) wagte I. Kant mit seiner genialen Frühschrift „Allgemeine Naturgeschichte und Theorie des Himmels" (1755). Hierin entwickelte Kant das großangelegte Bild eines ständigen Werdens und Vergehens aller Objekte im Weltall, ja sogar des Weltalls selbst. Die „Naturgeschichte" von Kant ist daher zurecht als ein epochemachendes wissenschaftliches Werk zu betrachten, das unter Benutzung des Newtonschen Gravitationsgesetzes das gesamte Universum als etwas Gewordenes und in Veränderung Begriffenes auffaßt. Die Auswirkungen dieser und vergleichbarer Arbeiten im 18. und zu Beginn des 19. Jahrhunderts waren jedoch gering. Zunächst wurde die Schrift lediglich sporadisch zitiert, ohne auch nur im geringsten inhaltlich aufgenommen und weiterentwickelt zu werden. Erst um die Mitte des 19. Jahrhunderts bildete sich ein tieferes Verständnis für die von Kant aufgeworfenen Probleme heraus. Eine der entscheidenden Wurzeln für diese verzögerte Rezeption liegt ohne Zweifel im geringen Entwicklungsstand der Astronomie zur Zeit Kants. Die Evolution der kosmischen Objekte stellt ein äußerst schwieriges wissenschaftliches Problem dar und ist ohne Kenntnis der physikalischen Natur der Objekte nur in sehr begrenztem Umfange möglich. Daher mußte die Entstehung der Astrophysik zweifellos einen außerordentlich günstigen Nährboden für die Wiederaufnahme und schöpferische Fortführung des Entwicklungsgedankens bieten. Zöllner erkannte das in vollem Umfang und lotete alle Möglichkeiten aus, die astrophysikalischen Methoden zur Erforschung von Entwicklungsvorgängen im Kosmos zu nutzen.

Von wissenschaftshistorischem Interesse ist hierbei die Tatsache, daß Zöllner sich bei seinen Überlegungen zur Evolution der Himmelskörper ausdrücklich auf Kant beruft, dessen Frühschriften er bei den verschiedensten Gelegenheiten würdigte. Am ausführlichsten geschah dies in der Abhandlung „Immanuel Kant und seine Verdienste um die Naturwissenschaften" (1872). Das erklärte Ziel dieser Darlegungen ist in doppelter Hinsicht aufschlußreich und fruchtbar: Er bezweckt nämlich einerseits, der „heranwachsenden Generation der Naturforscher das ihnen eingeimpfte Vorurteil gegen alles, was Philosophie heißt", zu nehmen und stattdessen die positive Bedeutung einer rationellen Philosophie „auch für die Fortschritte der Naturwissenschaften"[20] deutlich zu machen; andererseits will er zu einer aktiven Entwicklung der Kantschen Denkansätze beitragen und auffordern.

Was die Problematik philosophischen Denkens in der Naturwissenschaft anbelangt, erläutert er anhand konkreter Beispiele dessen Notwendigkeit. So stellt er z. B. einige klassische Arbeiten Kants solchen Resultaten der Naturwissenschaft des 19. Jahrhunderts gegenüber, die als prinzipielle Bestätigung der naturphilosophischen Überlegungen des Königsberger Philosophen gelten können. Er vergleicht u. a. die Ausführungen Kants „Über den Einfluß des Mondes auf die Witterung" (1794) mit den Ergebnissen der Forschungen von Hansen über die Lage des Massenmittelpunktes des Mondes (1854), Kants Gedanken über die Abbremsung der Erdrotation (1754) mit den Forschungen von Hansen über die Säkuläränderung der mittleren Länge des Mondes (1863), die auf Mayers „Dynamik des Himmels" (1848) aufbauen, und schließlich die Kantsche Theorie der Passate sowie das Winddrehungsgesetz (1756) mit den Untersuchungen von Dove über den Einfluß der Erdrotation auf die Atmosphäre. Dabei verweist er auf die interessante Tatsache, daß weder Hansen noch Mayer noch

Dove etwas von den entsprechenden Arbeiten Kants gewußt haben, und stellt schließlich fest, daß

ein scharfer Verstand mit geringem empirischem Material haushälterisch zu Werke zu gehen versteht, und hierdurch im Allgemeinen hundert Jahre früher zu denjenigen Zielen gelangen kann, welche auch die exakte Wissenschaft später als Ausgangspunkt für weitere Forschungen zu betrachten hat. [21]

Dabei übersah Zöllner keineswegs, daß die kühnen gedanklichen Spekulationen noch keine Resultate im Sinne der exakten Wissenschaft darstellten, betont aber die heuristische Wichtigkeit, die

eine frühere Berücksichtigung der Kantschen Resultate für die exakte Wissenschaft gehabt haben würde, und wieviele Zeit, welche inzwischen zum planlosen Beobachten und Experimentieren verwandt wurde, zur Bestätigung oder Widerlegung der von Kant rationell deduzierten Resultate hätte erfolgreich verwertet werden können.

Es ist interessant, daß sich in diesem Punkte die Ansichten Zöllners mit denen von Friedrich Engels vollständig decken. In seinem Fragment „Dialektik der Natur", das allerdings erst 1935 erstveröffentlicht wurde und somit Zöllner nicht bekannt sein konnte, wie übrigens auch Engels von Zöllners astronomischen Forschungen und Auffassungen keine Kenntnis hatte, schrieb Engels: „Hätten die Naturforscher aus Kants genialer Entdeckung die richtigen Folgerungen gezogen", so wären ihnen „endlose Abwege, unermeßliche Mengen in falschen Richtungen vergeudeter Zeit und Arbeit" erspart geblieben. [22]
Wenn Engels hier von Kants „genialer Entdeckung" spricht, so meint er ausdrücklich die „Allgemeine Naturgeschichte und Theorie des Himmels" (1755), die auch Zöllner in seinem Aufsatz breit angelegt referiert.
Im Hinblick auf diese wohl bedeutendste der naturwissenschaftlichen Frühschriften Kants war Zöllner seinen Fachkollegen offensichtlich weit voraus. Außer Friedrich Engels hatte lediglich Hermann von Helmholtz damals die Genialität dieses Kantschen Beitrages zur Evolutionstheorie voll erkannt. Bei Zöllner verband sich jedoch die Würdigung unmittelbar mit der Aufnahme und Weiterentwicklung der Ideen von Kant. Die Kerngedanken seiner diesbezüglichen Auffassungen finden sich bereits in den „Photometrischen Untersuchungen" von 1865. Wie Kant sieht auch Zöll-

ner, daß die Voraussetzung der „Begreiflichkeit" der Naturerscheinungen unabdingbar für das Begreifen der Erscheinungen sei. So vielfältig nun aber auch die Aussagen über die Himmelskörper seien, die man durch den Einsatz der Spektroskopie und der Fotometrie gewinne, so genüge doch die „bloße Ermittelung und Aufzählung einer Anzahl von Eigenschaften eines Naturkörpers" noch nicht. Vielmehr entstünde gleichzeitig die Frage nach den Veränderungen dieser Eigenschaften in Vergangenheit und Zukunft.

Die Zöllnerschen Entwicklungsvorstellungen werden dann unmittelbar auf Kant aufgebaut, was Zöllner mit den Worten ankündigt, im folgenden solle versucht werden,

sämtliche Erscheinungen, welche uns die Himmelskörper, abgesehen von ihrer Ortsveränderung, darbieten, im wesentlichen als Konsequenzen des ... angeführten Hauptsatzes der Kantschen Hypothese von der ursprünglich dunstförmigen Verteilung der Materie im Weltraume und ihrer allmählichen Verdichtung darzustellen.

Nach der Sternentwicklungstheorie von Zöllner sollten im Leben der Sterne im wesentlichen fünf qualitativ voneinander verschiedene Phasen auftreten:

1. Periode des glühend-gasförmigen Zustandes
2. Periode des glühend-flüssigen Zustandes
3. Periode der Entwicklung einer kalten und nichtleuchtenden Oberfläche
4. Periode der Eruptionen durch die innere Glutmasse
5. Periode der vollendeten Erkaltung.

Gemessen an unseren heutigen Erkenntnissen über die Evolution der Sterne muten diese Vorstellungen freilich recht naiv an; doch muß man bedenken, daß sie zur damaligen Zeit einen dem Kenntnisstand entsprechenden Versuch darstellten, Grundprobleme der astrophysikalischen Forschung aufzugreifen und mit prinzipiell geeigneten Methoden zu klären.

Das energische Festhalten Zöllners am Entwicklungsgedanken fand auch seinen Niederschlag in einer von seinem um 8 Jahre jüngeren Freund und bedeutendsten Schüler Hermann Carl Vogel, der später Direktor des ersten großen deutschen astrophysikalischen Forschungsobservatoriums in Potsdam wurde, ausgearbeiteten Spektralklassifikation. Vogel sah in den unterschiedlichen Sternspektren den Ausdruck verschiedener Entwicklungsstadien der Sterne und nahm im Jahre 1874 eine Einteilung der Spektren

in drei Klassen vor, die zugleich die Evolutionsstadien der Sterne
ausdrücken sollte. Er schrieb in diesem Zusammenhang:

Die einzige rationelle Klassifikation der Sterne nach ihren Spektren dürfte
erhalten werden, wenn man von dem Gesichtspunkt ausgeht, daß sich im
Allgemeinen in den Spektren die Entwicklungsphase der betreffenden Weltkörper abspiegelt. Es lassen sich dann drei ganz vorzüglich geschiedene
Klassen aufstellen, nämlich:
1. Sterne, deren Glühzustand ein so beträchtlicher ist, daß die in ihren
Atmosphären enthaltenen Metalldämpfe nur eine überaus geringe Absorption ausüben können, so daß entweder keine oder nur äußerst zarte Linien
im Spektrum zu erkennen sind. (Hierher gehören die weißen Sterne.)
2. Sterne, bei denen ähnlich wie bei unserer Sonne, die in den sie um-
gebenden Atmosphären enthaltenen Metalle sich durch kräftige Absorp-
tionslinien im Spektrum kundgeben (gelbe Sterne) ...
3. Sterne, deren Glühhitze soweit erniedrigt ist, daß Assoziationen der
Stoffe, welche ihre Atmosphären bilden, eintreten können, welche, wie
neuere Untersuchungen ergeben haben. stets durch mehr oder weniger breite
Absorptionsstreifen charakterisiert sind (rote Sterne). [23]

Die Farbenfolge der Abkühlungssequenz ist also hier als Ent-
wicklungsfolge interpretiert, wobei der Versuch unternommen
wird, auch die charakteristischen Einzelheiten der typischen Spektren aus den Temperaturunterschieden zu erklären.
Grundsätzlich war der Ansatz von Zöllner und Vogel richtig.
Auch die moderne Astrophysik schließt aus den Spektren auf die
Temperaturen und aus diesen – in Verbindung mit den sog. absoluten Helligkeiten (zweidimensionales Hertzsprung-Russell-Zu-
standsdiagramm der Sterne) – auf die Entwicklung der Sterne.
Nur sind die realen Verhältnisse weitaus komplizierter als man
zu Zöllners Zeit wissen konnte. Insbesondere ist die alte Auffassung von der Sternentwicklung als einem einfachen Abkühlungs-
prozeß der Sterne falsch, wie man seit der Entdeckung der Mecha-
nismen weiß, durch die im Sterninnern die Energie freigesetzt
wird. Jedoch gibt es Endstadien der Sternentwicklung, in denen
sich tatsächlich mit dem Auskühlen der Sterne nacheinander die
Farben weiß, gelb und rot einstellen. Wesentlich ist aber, daß die
Sterne während der längsten Phase ihres Lebens, die je nach Masse unterschiedlich lange dauert, überhaupt keine bedeutsamen
Veränderungen erfahren, sondern konstante Dimensionen und
Energieausstrahlung aufweisen. Jedoch sind diese modernen Erkenntnisse letztlich ein Resultat des Forschens, das mit Zöllners
bahnbrechenden Auffassungen begann.

Einige Aspekte des physikalischen Weltbildes

Zöllner hat sich – wenn auch nicht in systematischer Ausarbeitung – auch zu Grundfragen der Physik geäußert und somit in die zu seiner Zeit aktuellen Auseinandersetzungen um prinzipielle Probleme des physikalischen Weltbildes eingegriffen. Seine diesbezüglichen Vorstellungen reiften in einer Zeit, als zwei wesentliche Grunderscheinungen der Naturgesetzlichkeit bekannt waren und diskutiert wurden: die Gravitationswechselwirkung einerseits und die elektrischen und magnetischen Phänomene andererseits. Die Newtonsche Gravitationstheorie galt dabei in Physikerkreisen als das Vorbild einer physikalischen Theorie schlechthin. Daraus resultierte der Versuch, auch andere Erscheinungen, wie z. B. die elektromagnetischen, auf ähnliche Weise zu erfassen, wie Newton dies bei der Gravitation getan hatte. Ein entsprechender Ansatz wurde z. B. von Zöllners Freund Wilhelm Weber vorgelegt. Zu jener Zeit war jedoch bereits die Maxwellsche Theorie entstanden und begann, sich allmählich durchzusetzen. Als Feldtheorie steht sie in ausgesprochenem Gegensatz zu Newton, denn sie kennt keine unvermittelte Fernwirkung. So stand die Webersche Theorie im Kampf der Meinungen, und es ist interessant, daß sich Zöllner – aus prinzipiellen Gründen – zu Webers Theorie bekennt: Einerseits vertritt Zöllner eine „atomistische" Konzeption über die Konstitution der Materie im Sinne von Weber und Fechner. Für ihn sind die (noch fiktiven) geladenen Teilchen die letzten Bausteine aller Stoffe. Andererseits suchte er bereits nach einem universellen Naturgesetz für die gesamte irdische Physik, das zugleich den Kosmos einschließen sollte. Ein Nebeneinander von Gravitation und Elektromagnetismus kam daher für Zöllner nicht in Frage. An Mossotti anschließend, versuchte er die Gravitation als eine Unsymmetrie zwischen elektrostatischer Attraktion und Repulsion zu verstehen. So erscheint ihm das elektromagnetische Wechselwirkungsgesetz von Weber als das universelle Grundgesetz, in dem auch die gesamte Newtonsche Physik enthalten sein soll. In seinem „Kometenbuch" schreibt er rundweg:

Die Bewegungen der Himmelskörper lassen sich durch das von Weber für die Elektrizität gefundene Gesetz innerhalb der Gesetze unserer Beobachtungen ebensogut wie durch das Newtonsche Gesetz darstellen.

Doch die Existenz eines solchen universellen Gesetzes befriedigt

Zöllner noch nicht. Vielmehr ist er der Überzeugung, daß ein solches Gesetz auch noch kosmologisch induziert ist, woraus sich überhaupt erst die Einheit von irdischer und kosmischer Physik verstehen läßt.

Hierbei stützt er sich auf die mathematischen Arbeiten zur Entwicklung nichteuklidischer Geometrien, deren physikalische Konsequenzen ihn interessierten. So glaubte er z. B. die ihm wohlbekannten kosmologischen Paradoxa von Olbers und Newton auflösen zu können, indem er dem dreidimensionalen (Riemannschen) Raum ein von Null verschiedenes positives Krümmungsmaß beilegt. Er kommt so zu einem statischen, sphärisch geschlossenen Universum und löst damit zwar das Gravitationsparadoxon, nicht aber das Paradox des dunklen Nachthimmels, der bei konstanter mittlerer Dichte der Sterne und Sternsysteme in einem unendlichen Universum eigentlich strahlendhell sein sollte (Olbers 1823). Erst die Entdeckung des Evolutionskosmos durch Einstein und Friedmann im 20. Jahrhundert brachte eine gleichzeitige Auflösung der beiden Paradoxa – ein Universum, in dem es weder eine unendlich hohe Strahlungsdichte noch unendliche Gravitationskräfte gibt.

Zöllners Überzeugung bestand darin, daß der von ihm entworfene sphärisch geschlossene „Zöllnerkosmos" die Existenz und besondere Form eines universellen Naturgesetzes bedingt, das er im Weber–Gesetz realisiert sieht. Konkret regte er die Modellierung der bereits damals bekannten, gegenüber der Newtonschen Physik zu großen Drehung des Merkurperihels an, die sein Freund Scheibner auch tatsächlich ausführte.

Für die Ersetzung des Newtonschen Gravitationsgesetzes durch das Weber–Gesetz und damit für dessen Ausdehnung auf die Gravitationswechselwirkung führte Zöllner noch ein zusätzlich interessantes und schwerwiegendes Argument ins Feld: Zöllner verwunderte die Tatsache, daß allen Körpern, unabhängig von ihrer Masse, im Gravitationsfeld dieselbe Beschleunigung erteilt wird, was damals bereits durch Messungen von hoher Genauigkeit gesichert war. Mehr noch beunruhigte ihn, daß diese elementare Tatsache gleichsam *neben* der Newtonschen Physik steht. Er verallgemeinerte diese Eigenschaft daher radikal zum Wesen der Gravitation und forderte die Verankerung dieses Faktums in einer vollständigen Theorie.

Eine konstruktive Theorie zu diesem programmatischen Themenkomplex hat Zöllner nicht vorgelegt. Seine diesbezüglichen Gedanken bezeugen jedoch einen ausgesprochenen Instinkt für fundamentale physikalische Fragestellungen, die bis in unsere Zeit hinein aktuell geblieben sind.

Institutionalisierung der Astrophysik

Für die Entwicklung einer neuen Wissenschaftsdisziplin ist es von entscheidender Bedeutung, daß sie rasch aus dem Stadium der ausschließlich geistigen Konzeption in die Phase der Institutionalisierung übertritt. Erst durch die Entstehung von dauerhaften Einrichtungen speziell zum Zwecke der Pflege der entsprechenden Disziplinen ist deren Entwicklung gesichert. Hierbei spielt die Eigendynamik der jeweiligen Institutionen eine entscheidende Rolle. Die wesentlichsten Schritte zur Institutionalisierung der Astrophysik in den verschiedensten Ländern waren die Schaffung von Lehrstühlen, die Entstehung von astrophysikalischen Observatorien und die Bildung spezifischer Fachzeitschriften für Astrophysik. Insofern war bereits der Zöllnersche Lehrstuhl an der Leipziger Universität ein Bestandteil des Institutionalisierungsprozesses der Astrophysik, obwohl es hier nach seinem Tode keine kontinuierliche Entwicklung gab. Die wichtigste Maßnahme zur gesicherten Fortsetzung astrophysikalischer Studien auf breiter Grundlage jedoch war die Herausbildung spezieller Forschungsinstitute. Ein Musterbeispiel der internationalen Wissenschaft war in dieser Hinsicht das „Astrophysikalische Observatorium Potsdam", das in der Anfangsphase der Astrophysik zu den führenden Einrichtungen astrophysikalischer Forschung in der Welt zählte. Obwohl Zöllners Rolle in den offiziellen Dokumenten über die Entstehung dieses Observatoriums keinen Niederschlag findet, zeigt doch eine nähere Untersuchung, daß Zöllner hier gleichsam „hinter den Kulissen" aktiv wirksam geworden ist.
Von entscheidender Bedeutung war in diesem Zusammenhang die enge freundschaftliche Beziehung zwischen Zöllner und Vogel. Offensichtlich gelang es Zöllner erfolgreich, seine eigene Begeisterung für astrophysikalische Forschungen auf Vogel zu übertragen. G. Müller, späterer Direktor des Astrophysikalischen Obser-

10 Hermann Carl
Vogel
(Original: Astro-
physikalisches Obser-
vatorium Potsdam)

vatoriums, schrieb über die Freundschaft zwischen Zöllner und
Vogel, daß Zöllner auf ihn den „nützlichsten Einfluß" ausgeübt
habe und damals durch seine „epochemachenden Arbeiten auf dem
Gebiete der Fotometrie und Spektralanalyse Aufsehen erregte".
Das Verhältnis zwischen beiden sei „sehr herzlich" gewesen. Wich-
tig war, daß es Zöllner gelang, den begüterten Kammerherrn F.
G. v. Bülow für den Bau eines Privatobservatoriums zu erwärmen,
das ausschließlich der Anwendung und Erprobung astrophysikalischer Forschungsmethoden gewidmet sein sollte. Als dieser dann
an die Verwirklichung der Idee ging und in Bothkamp bei Kiel
eine astrophysikalische Privatsternwarte errichtete, war es wiederum Zöllner, der H. C. Vogel als geeigneten Leiter dieser Ein-
richtung empfahl. Vogel selbst bezeichnete diese Bothkamper Zeit
ausdrücklich als seine eigentlichen Lehrjahre. Er beschäftigte sich
hier mit einer breiten Palette von Themen, die später im wissen-

toriums Potsdam systematisch weiter gepflegt wurden. Die „Bothkamper Beobachtungen" weisen aus, daß Vogel sich mit den Spektren der Fixsterne, Radialgeschwindigkeitsmessungen an Sternen und Sonne sowie mit fotografischen Versuchen und Spektralanalysen von Nordlicht, Nebelflecken, Sternhaufen, Kometen und Planeten beschäftigte. Die Jahre in Bothkamp werden übereinstimmend von mehreren Chronisten als für Vogels ganzes späteres Leben entscheidend angesehen, wie auch Müller in seinem Nachruf auf Vogel schrieb. Zöllner förderte und beriet die beiden Bothkamper Astronomen – außer Vogel war auch der spätere Potsdamer Astrophysiker Lohse dort tätig – ständig bis ins einzelne. Er sah offenbar in dem Observatorium ein geeignetes „Laboratorium seiner Ideen". So weilte Zöllner z. B. zu längeren Besuchen in Bothkamp. Während Zöllners mehrwöchigem Aufenthalt im Frühjahr 1871 begann Vogel mit seinen Untersuchungen zum spektroskopischen Nachweis der Sonnenrotation. Die Ergebnisse trug Zöllner dann vor der Mathematisch-Physikalischen Klasse der Sächsischen Gesellschaft der Wissenschaften vor. Als Zöllner im Sommer 1872 wiederum nach Bothkamp reiste, streifte er gemeinsam mit Vogel, Lohse und Bülow durch Holstein, was von dem ausgezeichneten Einvernehmen der vier Männer zeugt. Umgekehrt weilte Vogel aber auch während seiner Tätigkeit in Bothkamp oft bei Zöllner in Leipzig, mitunter sogar wochenlang. Man kann also nicht im geringsten daran zweifeln, daß die wissenschaftlichen Vorhaben und Pläne Zöllners ständiger Diskussionsgegenstand zwischen den beiden Freunden gewesen sind und Vogel – bei aller Anerkennung seiner eigenen Ideen und Aktivitäten – stark unter Zöllners Einfluß gestanden hat.

Über die Rolle der Sternwarte Bothkamp bei der Institutionalisierung der Astrophysik gibt es nur eine Meinung, die J. Möller in die Worte kleidete:

Durch alle diese Beobachtungen, die in jener Zeit etwas ganz Außerordentliches waren, verschaffte Vogel der Bothkamper Sternwarte den Ruf einer führenden astrophysikalischen Werkstatt, er machte sie zur „Wiege der deutschen Astrophysik".

Der bekannte Astronom H. C. F. Kreutz, langjähriger Herausgeber der „Astronomischen Nachrichten", meinte sogar, die drei Bände der „Bothkamper Beobachtungen" hätten den Weg für die

11 Sternwarte Bothkamp
(Archiv Archenhold-Sternwarte)

Gründung des Astrophysikalischen Observatoriums Potsdam ge-
bahnt. Damit hatte er letztlich durchaus recht, wie neuerdings
aufgefundene Dokumente beweisen. Das Bothkamper Observatorium hatte sogar internationale Ausstrahlung; als Struwe von dem
Plan berichtete, in Odessa ein astrophysikalisches Forschungsin-
stitut zu errichten, antwortete Zöllner umgehend, der designierte
Direktor möge Vogel und das Bothkamper Institut in Augenschein
nehmen. Ebenso aufschlußreich ist auch die Bemerkung des un-
garischen Astrophysikers N. v. Konkoly, daß er seine Sternwarte
nach den Grundsätzen eingerichtet habe, die Vogel in Bothkamp
realisiert hätte.

In der Vorgeschichte des Potsdamer Observatoriums spielte der
organisationsfreudige Direktor der Berliner Sternwarte Wilhelm
Foerster eine dominierende Rolle. Von Foerster stammt auch eine
in diesem Zusammenhang außerordentlich wichtige „Denkschrift
betreffend die Errichtung einer Sonnenwarte etc.", die mit dem
30. September 1871 datiert ist und in der die Notwendigkeit der
Gründung eines speziellen Sonnenforschungsinstitutes ausführlich
dargelegt wird. Diese Denkschrift – von einer Kommission der
Akademie begutachtet und erweitert – führte schließlich zur Grün-

dung des Potsdamer Observatoriums, und es ist aufschlußreich, daß Foerster auch die Personalvorschläge für die Besetzung der wichtigsten wissenschaftlichen Planstellen einzureichen hatte. Daß hierbei Zöllner seine Hände „mit im Spiel" hatte, läßt sich schlüssig vermuten, bestand doch zwischen Zöllner und Foerster bereits seit dem Jahre 1863 ein enger und sehr freundschaftlicher Briefwechsel. Die erhalten gebliebenen Dokumente lassen erkennen, daß alle wichtigen wissenschaftlichen Entwicklungen zwischen Foerster und Zöllner ständig ausgetauscht wurden, so daß man wohl annehmen kann, daß Zöllner auch über die Vorgänge um die Gründung des Potsdamer Observatoriums genauestens informiert war. Zöllner selbst hat schließlich erklärt, daß Vogel nicht nur seine Anstellung in Bothkamp, sondern auch seine Berufung nach Potsdam „wesentlich meinen Empfehlungen an den maßgebenden Stellen zu verdanken hat".[24] Andererseits ist es Vogel gewesen, der bei der Ausarbeitung der Pläne für das zu errichtende Observatorium erheblichen Anteil hatte. Dies war auch kaum anders denkbar, denn Foerster war kein Spezialist auf dem Gebiet der Astrophysik, und die akademische Kommission, die darüber zu befinden hatte, bestand aus dem Astronomen Arthur v. Auwers, dem Physiker Heinrich Wilhelm Dove sowie dem Baudirektor Gotthilf H. L. Hagen – alles Männer, die keinesfalls ein Projekt des in Aussicht genommenen Observatoriums hätten erarbeiten können. Daß aber Vogel bei der Ausarbeitung eng mit Zöllner zusammenarbeitete, ist ebenfalls erwiesen. So hat sich z. B. ein Brief von Zöllner an Foerster vom Juli 1872 finden lassen, in dem dieser im Namen von Vogel um die „Rücksendung... der Dir übergebenen Skizze zu einem astrophysikalischen Institut" bittet. Als Adresse wird dabei die Zöllnersche Wohnung angegeben, „da Hr. Dr. Vogel bei mir wohnt".[25]

Die unbestreitbaren Verdienste Zöllners um die Institutionalisierung der Astrophysik haben in keinem der zeitgenössischen Dokumente ihren Niederschlag gefunden. Auch wurde Zöllners Name im Zusammenhang mit den verschiedenen Personalvorschlägen in Vorbereitung des Observatoriums niemals genannt, obschon sich doch andere Universitäten mehrfach in früheren Jahren um ihn bemüht hatten. Wo liegen die Gründe für dieses „Versteckspiel"? Um es kurz vorwegzunehmen: in Zöllners damals bereits erfolgter Hinwendung zu scharfen und teilweise unsachlichen Polemiken,

12 Astrophysikalisches Observatorium Potsdam

die sich u. a. gegen international hochgeachtete Autoritäten der Wissenschaft richteten und letztlich bewirkten, daß Zöllner immer stärker in die Isolierung geriet und schließlich selbst von engsten Freunden verlassen wurde (vgl. S. 68 ff.).

Davon wird jedoch die Tatsache nicht berührt, daß die Gründung des Astrophysikalischen Observatoriums Potsdam in bezug auf die Institutionalisierung der Astrophysik in Deutschland die zweifellos bedeutendste Auswirkung der Ideen und Initiativen Zöllners gewesen ist und erheblich zur allgemeinen Anerkennung der neuen Disziplin beigetragen hat. Aus dem Potsdamer Observatorium gingen allein während des Direktorats von H. C. Vogel zahlreiche impulsgebende Forschungsarbeiten hervor, die z. T. bis zum heutigen Tag Anerkennung und Gültigkeit besitzen.

Zöllner selbst besuchte die Forschungsstätte offensichtlich nur ein einziges Mal, nämlich am 13. Mai 1881, ein knappes Jahr also vor seinem Tode. Da er Vogel bei dieser Gelegenheit nicht antraf, faßte er seine Eindrücke in einem Brief an ihn mit den Worten zusammen:

Mir haben die Einrichtungen des astrophysikalischen Observatoriums außerordentlich gefallen, umsomehr, als dabei Zweckmäßigkeit mit einer würdigen äußeren Ausstattung vereinigt sind, ohne den prunkenden Luxus der Berliner Institute zu teilen ...[26]

Zöllners philosophische Auffassungen

In den bisherigen Darlegungen war bereits mehrfach davon die Rede, daß Zöllner seine naturwissenschaftlichen Aktivitäten eng mit allgemeineren Vorstellungen über den Erkenntnisprozeß in der Wissenschaft verband und manche seiner astrophysikalischen Denkansätze geradezu philosophisch untermauert hat. Zugleich betonte er den Nutzen des philosophischen Denkens für die Naturwissenschaft. Insofern beansprucht die Frage Interesse, wie sich seine philosophische Haltung charakterisieren läßt, welche Einflüsse sie prägten und welche Auswirkungen sie generell auf seine Forschungen nahm.

Ohne nochmals auf die von Zöllner verteidigte Notwendigkeit philosophischen Denkens für den Naturwissenschaftler einzugehen, verdient doch festgehalten zu werden, daß diese Haltung zu seiner Zeit keineswegs Allgemeingut gewesen ist. Vielmehr hatte die wohl überwiegende Mehrzahl der Naturwissenschaftler eine philosophiefeindliche Haltung, deren Wurzeln u. a. in den unfruchtbaren Spekulationen der Naturphilosophie zu Beginn des Jahrhunderts zu suchen waren. Lediglich die hervorragendsten Köpfe hatten die Notwendigkeit philosophischen Denkens erkannt und lieferten sich zugleich leidenschaftliche Gefechte auf dem Felde philosophischer Meinungen. Hierbei dominierte die Auseinandersetzung zwischen materialistischen und idealistischen Auffassungen. Marx und Engels verfolgten in jenen Jahren äußerst aufmerksam die Fortschritte der Naturwissenschaften und verwendeten deren zahlreiches Material zur Ausarbeitung der naturwissenschaftlichen Dialektik. Jedoch faßten diese konsequent materialistischen Auffassungen in den Kreisen der Wissenschaftler kaum Fuß, da sie zu diesen Schriften schon aus Gründen ihrer Klassenposition so gut wie keinen Zugang hatten. Dessen ungeachtet bewahrheitet sich auf dem Gebiet der Naturwissenschaften schon um die Mitte des 19. Jahrhunderts sinngemäß das bekannte Zitat Lenins über die Physik, die den dialektischen Materialismus gebiert: Die Naturwissenschaften im großen und ganzen vertei-

digten die materialistische Linie der Naturforschung und bauten
sie durch ihre Forschungsresultate weiter aus, wenn auch auf dem
Niveau eines spontanen Materialismus und mitunter in frappie-
render Widersprüchlichkeit.

Studiert man die thematisch allgemeineren Schriften Zöllners, in
denen seine philosophischen Auffassungen sich vorwiegend nieder-
schlugen, so ist man z. B. erstaunt, daß er sich sogar gegen das
Etikett des Materialismus wehrte, obwohl der Inhalt seines Denkens oft genug ausgesprochen materialistisch ist. Dies hängt z. T.
offenkundig damit zusammen, daß der Begriff des Materialismus
nicht nur als philosophischer Terminus, sondern im allgemeinen
Sprachgebrauch als ethisches Schimpfwort gebraucht wurde, wie
dies z. T. in kapitalistischen Ländern noch heute oft geschieht.
Bemerkenswert ist jedoch, daß gerade bei ihm der Zusammenhang
zwischen Forschung und philosophischer Haltung unübersehbar
deutlich macht, daß ein Vorstoß in das wissenschaftliche Neuland
der Astrophysik im weitesten Sinne durch materialistische Natur-
auffassungen eine spürbare Förderung erfuhr. In allen Fällen, in
denen Zöllner seine Forschungen mit mehr oder weniger idealistischen Vorstellungen verband, blieben ihm Erfolge entweder
versagt oder er bewegte sich von vornherein in einer aussichts-
losen Richtung. Natürlich läßt sich dieser Umstand – wie die
Geschichte der Naturwissenschaft lehrt – keineswegs verallge-
meinern.

Welche philosophischen Quellen des Materialismus standen Zöllner zur Verfügung? Es waren vor allem die „Systeme" der Vulgärmaterialisten dieser Zeit, worunter Karl Vogt herausragt, der
oft von ihm genannt wird. Der „Vulgärmaterialismus" war gleichsam eine vereinfachte, primitive Art des Materialismus, aus dem
die Dialektik ausgeklammert blieb und der sich zudem sorgsam
hütete, materialistisches Gedankengut auf den Bereich der Gesellschaft auszudehnen, aber die naturwissenschaftlichen Traditionen des Materialismus verarbeitete. Da die Erfolge der Naturwissenschaften, die zugleich eine zunehmend wachsende Bedeutung
für die Entwicklung der bürgerlichen Produktionsverhältnisse erlangten, weite Kreise der bürgerlichen Intelligenz stark beein-
druckten, erschien ihnen diese Art von „Materialismus-Verschnitt"
durchaus annehmbar. Für Zöllner galt dies aber nur in sehr einge-
schränktem Maße. Er lehnte den Vulgärmaterialismus schon des-

wegen ab, weil die mechanistische Denkweise der Vulgaristen für die Freiheit des Menschen keinen Platz ließ. So sieht er darin letztlich ein pessimistisches und nihilistisches Gedankensystem.

Weitere materialistische Quellen, aus denen Zöllner schöpfte, sind in dem spontanen Materialismus verschiedener Naturwissenschaftler, vor allem von Ernst Haeckel, Emil du Bois-Reymond und Hermann v. Helmholtz, zu sehen.

Was Lenin in bezug auf Haeckel in „Materialismus und Empiriokritizismus" schrieb, trifft in übertragenem Sinne auch weitgehend auf Zöllner zu:

> Er verspottet die Philosophen vom Standpunkt des Materialisten aus, *ohne zu merken,* daß er auf dem Standpunkt des Materialisten steht. [27]

Vor allem das Buch „Über die Natur der Cometen" mit dem programmatischen Untertitel „Beiträge zur Geschichte und Theorie der Erkenntnis" enthält die wesentlichsten philosophischen Ansichten Zöllners, die fast durchweg unmittelbar aus dem naturwissenschaftlichen Material oder der Geschichte der Naturwissenschaften und damit der menschlichen Erkenntnis hergeleitet werden.

In diesem Buch lehnt Zöllner sowohl eine zeitliche wie auch eine räumliche Begrenztheit der Welt ab. Die Voraussetzung einer

> physischen Begrenzung des realen Raumes würde sofort die Frage nach der Beschaffung und der Entstehung dieser Begrenzung aufkommen lassen, ebenso wie die Annahme eines Schöpfungsaktes [d. h. eines zeitlichen Anfangs der Welt – D. B. H.] keine *logische,* sondern nur eine *willkürliche* Begrenzung der Kausalreihe wäre, gegen welche sich unser Verstand auf Grund des ihm innewohnenden Kausalitätsbedürfnisses sträubt. [28]

Die objektiv reale Existenz einer Außenwelt, deren Anerkennung die elementare Voraussetzung für eine erfolgreiche naturwissenschaftliche Forschung darstellt, leitet Zöllner aus dem historischen Prozeß der wissenschaftlichen Welterkenntnis ab, indem er schreibt, der Mensch hätte sich „in einer ungeheuren Reihe von Generationen so sehr von der Richtigkeit dieser Hypothese überzeugt, daß er gegenwärtig die Existenz dieser realen Außenwelt für eine der am sichersten bewiesenen Wahrheiten" halte. [29]

Wie weit sich Zöllner über die Auffassungen der Vulgärmaterialisten erhebt, wird deutlich, wenn man seine Notizen zur Gesetzlichkeit des Geschichtsprozesses liest. Zwar ist er weit davon entfernt, die Kämpfe von Klassen als Triebkraft des historischen

Prozesses zu erkennen, doch hebt er hervor, daß wir ebenso wie in der unbelebten Natur auch in der menschlichen Gesellschaft die Tatsachen als „notwendig miteinander verknüpfte *Naturphänomene* anzusehen" haben, die unser Verstand „mit Berücksichtigung *aller* bewegenden Kräfte *mechanisch* und *psychologisch* zu begreifen suchen muß".[30]

Im einzelnen hat Zöllner sogar einige solcher Geschichtsabläufe phänomenologisch recht zutreffend beschrieben, wenn auch nicht zu erklären vermocht.

Auch auf dem Gebiet der Erkenntnistheorie finden sich ausgeprägte materialistische Elemente im Denken des Astrophysikers. Nach seiner Überzeugung stammt unser gesamtes Wissen über die Eigenschaften der Materie ausschließlich aus der Erfahrung, und es sei eine „nicht mehr zu bezweifelnde Wahrheit", daß diese Erfahrung das Resultat der Einwirkung der Außenwelt auf die Sinnesorgane des Menschen sei. Geradezu an die marxistische Widerspiegelungstheorie erinnert die Schilderung des Erkenntnis-*vorganges* bei Zöllner:

Die Einwirkung der Objekte auf jedes Wesen besteht zuerst in der Erregung einer Empfindung vermittels eines Reizes, welcher durch die Bewegungen eines Mediums erzeugt und ermittelt wird.
Die erste Arbeit, welche die Verstandestätigkeit noch unbewußt vollzieht, besteht darin, daß sie die durch den Reiz erzeugte Veränderung eines Empfindungszustandes als die Wirkung einer Ursache, auffaßt, und diese Ursache als ein in der Außenwelt befindliches Objekt in Form einer Wahrnehmung anspricht. Finden an dem so erzeugten Objekte Bewegungen statt, also Veränderungen der *einfachsten* Art, so begnügt sich der Verstand nicht bloß bei der Wahrnehmung dieser räumlichen Veränderungen, sondern er fühlt dasselbe Bedürfnis den einzelnen Orten des bewegten Objektes gegenüber, welches er beim ersten Erwachen seiner Tätigkeit durch die Hypothese eines Objektes in der Außenwelt befriedigte. Dieses *Bedürfnis der Kausalität* macht sich also bei der Wahrnehmung von Veränderungen schon der einfachsten Art geltend ... Der Verstand setzt zwischen den einzelnen Örtern dieser Punkte dieselbe Beziehung voraus, wie zwischen der *Empfindung* und der *Außenwelt*, d. h. die Beziehung von *Wirkung* und *Ursache*.
Er bleibt also solange bei der Wahrnehmung von Veränderungen überhaupt unbefriedigt, als nicht zur Erklärung dieser Veränderungen eine analoge Beziehung von ihm erkannt wird, wie dies zwischen Empfindung und Außenwelt geschah. [31]

Je nachdem, in welchem Maße die Hypothesen über die Beschaffenheit der Ursachen Aufschluß geben, sind sie mehr oder weniger wertvoll. Eine Hypothese aber „verwandelt sich allmählich

in eine Wahrheit, wenn die Erscheinungen, zu deren Erklärung
sie aufgestellt ist, vollständig daraus abgeleitet werden können".
[32] Zöllner erkennt also auch den wechselseitigen Zusammenhang zwischen sinnlicher Wahrnehmung im Erkenntnisprozeß. Als
Kriterium der Wahrheit erscheint ihm ausdrücklich die Übereinstimmung zwischen den Abbildern mit den Objekten der Außenwelt und nicht die logische Widerspruchsfreiheit oder etwa die
Einfachheit. Zöllner bleibt aber letztlich bei diesem Standpunkt
stehen und erkennt beispielsweise nicht die Praxis als Prozeß der
Umgestaltung der Realität in ihrer Bedeutung für die Erkenntnis.
Das Verhältnis von Wissenschaft und Produktion, das sich im
19. Jahrhundert, besonders bei einigen Wissenschaften bereits
deutlich ausgeprägt hatte, verkannte Zöllner schließlich vollständig. Den Einsatz der Wissenschaft in der materiellen Produktion
betrachtete er sogar als eine Erniedrigung der Wissenschaften zu
„Sklavendiensten im Reiche der Industrie".[33]
So errichtet Zöllner zwischen der „zweckfreien", d. h. nur auf Erkenntnis gerichteten Forschung und deren Anwendung im Bereich
der Technik, eine künstliche Schranke:

Wenn ein Schuhmacher mit allen Mitteln des physikalischen Scharfsinns die
Zähigkeit seines Pechs, die Haltbarkeit seines Zwirns, den Brechungs-
koeffizienten der Flüssigkeit in seiner Beleuchtungskugel untersucht, um
seine Konkurrenten durch vorzügliche Ware zu überflügeln, so bleibt er
deswegen doch immer nur ein *intelligenter Schuster*. Wenn aber Jemand, bei
Sonnenschein auf der Eisenbahn fahrend, durch den miteilenden Schatten
des Zuges auf die Frage geführt wird, ob bei fortdauernd gesteigerter Geschwindigkeit des Zuges der Schatten nicht doch ein Wenig hinter dem
Zuge zurückbleiben würde, so ist das eine *wissenschaftliche* Reflexion, und
auch nur eine mit rohesten Mitteln hierüber angestellte Untersuchung stem-
pelt jenen Menschen zu einem *wissenschaftlichen Forscher*. [34]

Die Substitution der intellektuellen Bedürfnisse – so meint Zöllner – durch die materiellen, setzte die Naturwissenschaften in be-
sonderem Maße der Gefahr aus, eine „Einbuße an logischer
Schärfe der Verstandesoperationen" zu erleiden. Hier zeigt sich
eine angesichts der großen historischen Kenntnisse Zöllners geradezu unverständliche Beschränktheit, die letztlich am Wesen der
Wissenschaft vorbeigeht.
Wichtige materialistische Teileinsichten prägen seine Auffassung
über die Einheitlichkeit des Universums, womit er die bei Kepler
begonnene Auffassung einer einheitlichen, Himmel und Erde ver-

bindenden Physik fortführt und bereichert. Er spricht in diesem Zusammenhang vom Prinzip der „Gleichheit der allgemeinen Eigenschaften der Materie im Weltraum"[35] und leitet daraus die erkenntnistheoretisch wichtige Schlußfolgerung ab, daß man von der „Gleichartigkeit der Ursachen auf die Gleichheit der Wirkungen" schließen könne und „daher gewisse Eigenschaften der Materie, die wir ohne Ausnahme an allen irdischen Körpern beobachten, auch bei den entferntesten Himmelskörpern" voraussetzen dürfe. Ohne die Gültigkeit dieses Satzes wäre letztlich astronomische Forschung nicht möglich, und Zöllner begründet speziell mit diesen Sätzen die Möglichkeit von Astrophysik als eine Verallgemeinerung der bis dahin gepflogenen astronomischen Forschung.

In welchem Maße Zöllner diese philosophischen Einsichten für eine unabdingbare Voraussetzung erfolgreicher naturwissenschaftlicher Tätigkeit hielt, ersieht man daraus, daß er selbst – wie bereits erwähnt – Vorlesungen zur Philosophie und Philosophiegeschichte hielt, ohne daß er dazu vertraglich verpflichtet gewesen wäre.

Die Würdigung der philosophischen Ansichten Zöllners kann schließlich nicht daran vorbeigehen, daß er prinzipiell von der Erkennbarkeit der Welt überzeugt gewesen ist. Am deutlichsten formulierte er seine diesbezüglichen Ansichten in seinem Aufsatz „Über Emil du Bois-Reymond's Grenzen des Naturerkennens". Interessanterweise greift er du Bois-Reymonds „Ignorabismus" nicht allein wissenschaftlich an, sondern setzt sich gleichzeitig auch mit den möglichen politischen Folgen einer solchen Haltung auseinander. Er nennt die Auffassung von du Bois-Reymond über die Grenzen der menschlichen Erkenntnisfähigkeit hochmütig und unlogisch und geeignet, „im Volke 'nagende Zweifel' an die Entwicklungsfähigkeit des menschlichen Verstandes zu verbreiten..." [36] Freilich zeigt eine genauere Analyse des genannten Aufsatzes auch eine ganze Reihe von Widersprüchen, vor allem im politischen Denken.

Alles in allem ist jedoch festzustellen, daß die philosophischen Auffassungen Zöllners in vielen Punkten erstaunlich weitgehend mit materialistischen Standpunkten übereinstimmen, und es ist offenkundig, daß Zöllner gerade seine Pionierrolle auf dem Gebiet der Astrophysik und seine bedeutsamen Impulse für die Evolutionsforschung diesen Standpunkten verdankt.

Die außerordentliche rege Anteilnahme, mit der Zöllner das Geschehen in seiner Umwelt verfolgte, läßt erwarten, daß er auch den politischen Ereignissen seiner Zeit nicht passiv gegenübergestanden hat.

Am ehesten können wir uns ein Bild von seiner politischen Haltung machen, wenn wir davon ausgehen, daß er nach eigenen Aussagen Wähler der Nationalliberalen Partei, möglicherweise sogar ihr Mitglied gewesen sei. Die entscheidenden Kräfte dieser Partei waren Vertreter der Handels-, Bank- und Industriebourgeoisie. Die Partei war eine entscheidende Befürworterin der Bismarckschen Reichseinigung und der Rüstungs-, Kolonial- und Expansionspolitik des deutschen Imperialismus. Wenn Zöllner also Anhänger dieser Partei gewesen ist und sogar noch deren rechten Flügel nahestand, so können wir vermuten, daß seine politischen Ansichten möglicherweise reaktionär gewesen sind. Wir finden also auch bei Zöllner wie bei vielen anderen Gelehrten der damaligen Zeit jene typische „Inkongruität zwischen Methodologie und Weltanschauung", die Kuczynski hervorhebt.

Ähnlich scharfe Widersprüche lassen sich auch in der philosophischen Haltung Zöllners finden, sobald wir die weniger mit seiner naturwissenschaftlichen Forschung verbundenen Ansichten einer näheren Betrachtung unterziehen. Dies bezieht sich z. B. auf Zöllners Haltung zur Religion, die in sich widersprüchlich ist. Einerseits — so haben wir gehört — schließt er Weltschöpfung und –untergang entschieden aus. Ein göttliches Wesen greift in das von den Naturgesetzen bestimmte Naturgeschehen seiner Ansicht nach nicht ein. Andererseits aber hat die Religion eine von Zöllner anerkannte Aufgabe darin, „der Quantität und Qualität nach solche Motive des Handelns im Bewußtsein der Völker zu erzeugen", durch die der „Einzelne jederzeit auch die von den eigenen abhängigen Handlungen Anderer zu berücksichtigen gezwungen ist".[37] Damit wird den Religionen von Zöllner — ähnlich wie von zahlreichen anderen Naturforschern des bürgerlichen Lagers bis in unsere Zeit hinein — eine ethische Funktion zugeschrieben. Bei Zöllner kommt hinzu, daß er mit unüberbietbarer Schärfe zahlreiche Erscheinungen des ethischen und moralischen Verfalls nicht nur wahrnahm, sondern auch bekämpfte. In den philosophischen Modeströmungen des Bürgertums fand er jedoch keinen Ausweg aus diesem Dilemma; als Phänomen der kapitalistischen

Gesellschaft vermochte er es nicht zu erkennen. So erscheint seine diesbezügliche Haltung zur Religion geradezu unausweichlich.

In späteren Jahren (siehe nächstes Kapitel) wandelte sich allerdings Zöllners Haltung zur Religion, wobei er auch bereits errungene und verteidigte materialistische philosophische Positionen wieder verläßt. So definiert er z. B. die Wahrheit der menschlichen Erkenntnis in jenen Jahren als „Übereinstimmung mit Gottes Willen".[38] Gott selbst wird als „höchste, intelligente, persönliche Ursache der Natur"[39] betrachtet, somit also als Weltschöpfer. Die hierin liegende Preisgabe materialistischer Positionen kam Zöllner insgesamt teuer zu stehen. Zugleich mit diesen zum Mystizismus tendierenden Ansichten geht nämlich die fruchtbare naturwissenschaftliche Tätigkeit mehr und mehr zurück. Stattdessen dominieren die Beschäftigung mit den Problemen des Spiritismus und die Austragung unsachlicher Polemiken mit zahlreichen hervorragenden Zeitgenossen. Es sind insgesamt unfruchtbare Jahre, die ihre Entsprechung in wenig konstruktiven philosophischen Auffassungen finden. Im Zuge fortschreitender Beschäftigung mit dem Spiritismus verschwimmen die Grenzen zwischen unvoreingenommener Tatsachenforschung und Mystizismus immer mehr, und schließlich geht es ihm darum, aus dem Spiritismus Beweise für christliche Dogmen abzuleiten. In den Jüngern Jesu sieht er Medien, die zur Vollbringung von Wundern wegen ihrer medialen Fähigkeiten ausgewählt worden waren. Angesichts des bewußt vertretenen Materialismus in den ersten Jahren seiner erfolgreichen wissenschaftlichen Laufbahn mutet das „philosophische Credo" des späten Zöllner geradezu wie ein katastrophaler Zusammenbruch seines philosophischen Denkens an:

Ich . . . begnüge mich vollkommen mit der Überzeugung von der Existenz eines allmächtigen und weisen Lenkers der Welt, dessen Pläne ich aus den Ereignissen in der Welt a posteriori zu verstehen suche, nicht aber a priori nach meinen beschränkten Begriffen zu kritisieren wage. Alles, was geschieht, dient nach meiner Überzeugung den Zwecken, welche sich Gott bei seiner Lenkung der Welt gestellt hat . . . [40]

Diese, auch für ihn persönlich tragische Wende in seinem Denken ändert jedoch nichts an der Tatsache, daß Zöllner in seinen besten und erfolgreichsten Jahren, in denen er Bleibendes für die Erforschung des Weltalls geleistet hat, auf dem Boden wohldurchdachter materialistischer Positionen stand, die seine wissenschaftliche

Forschung nachhaltig bestimmten und einen unmittelbaren Beleg für die Fruchtbarkeit materialistischen Denkens in der Naturwissenschaft darstellen. Ohne die spätere Wende in seinem Denken zu vertuschen oder zu übersehen, haben wir doch allen Grund, den Mitbegründer der Astrophysik zu den naturwissenschaftlichen Materialisten zu zählen. In seinen schöpferischen Arbeitsjahren war seine Natursicht weitgehend materialistisch, pflegte er progressive Traditionen des Materialismus und war von einem ungebrochenen Erkenntnisoptimismus durchdrungen.

Polemik und Spiritismus

Das Kometenbuch

Während sich Zöllner an den Fortschritten der praktischen Astrophysik in Bothkamp erfreute, selbst eine Fülle neuer Ideen zur Erforschung der Sterne produzierte und weithin ein hohes Ansehen genoß, arbeitete er an einem umfangreichen Buch, dem ersten nach den „Photometrischen Untersuchungen" von 1865. Es erschien im Jahre 1872 – wie schon das frühere im Verlag seines Freundes Wilhelm Engelmann – unter dem Titel „Über die Natur der Cometen. Beiträge zur Geschichte und Theorie der Erkenntnis". Dieses mehr als 500 Seiten umfassende, der Erinnerung an Johannes Kepler gewidmete Werk ist in mehrerer Hinsicht bemerkenswert: Erstens stellt es einen wichtigen Beitrag zur Erforschung der Physik der Kometen dar, wie der Titel bereits zum Ausdruck bringt. Zweitens sind in diesem Buch zahlreiche, z. T. bereits früher zitierte Einsichten über die Bedeutung der Philosophie für den Naturwissenschaftler dargelegt. Drittens schließlich – und hierauf gründet sich vor allem das Echo dieses Buches in der wissenschaftlichen Öffentlichkeit – setzt sich Zöllner in dem Werk mit zahlreichen Mißständen im Wissenschaftsbetrieb seiner Zeit auseinander, und zwar mit einer an Schärfe oft kaum noch überbietbaren Polemik. Insbesondere diese Polemiken sind keineswegs durchweg zu rechtfertigen, obwohl ihnen in vielem auch ein wahrer Kern innewohnt. Alles in allem ist „Die Natur der Cometen" ein Konglomerat voller Widersprüche, das einerseits geniale Denkansätze, andererseits aber auch unsinnige Verstiegenheiten enthält. Zudem ist es allein inhaltlich eine absonderliche Mischung aus Fachbuch, philosophischer Abhandlung, historischer Untersuchung, Polemik, astronomischer Spezialstudie und Edition. Teile der Fachwelt reagierten scharf ablehnend auf das Buch, wodurch sich Zöllner zu weiteren Polemiken veranlaßt fühlte. Mit dem „Kometenbuch" beginnt die „polemische Epoche" seines Lebens.
Die soeben gegebene Kurzcharakterisierung der Eigenheiten des Kometenbuches geht z. T. bereits aus dem Inhaltsverzeichnis hervor: Im ersten Teil (S. 3–74) bringt Zöllner zwei klassische Arbei-

Kometen (ohne jeden Kommentar), im zweiten Teil (S. 75–162) folgt die ausführliche Darlegung eigener Überlegungen unter Berücksichtigung historischer Auffassungen unter dem Titel „Über die Stabilität kosmischer Massen und die physische Beschaffenheit der Cometen"; der dritte Teil (S. 163–247) überrascht durch den merkwürdigen Titel „John Tyndall's Cometen-Theorie. – Studien im Gebiete der Psychologie und Erkenntnistheorie"; der vierte Teil (S. 249–523) ist betitelt „Aphorismen zur Geschichte und Theorie der Erkenntnis". Dieser letzte Teil ist wiederum in sich sehr heterogen, enthält er doch sowohl Analysen von Kometenforschungen verschiedener Autoren als auch mathematisch-philosophische Überlegungen „Über die Endlichkeit der Materie im unendlichen Raume", „Zur Geschichte und Theorie der unbewußten Schlüsse" und den bereits gewürdigten großen Aufsatz über „Immanuel Kant und seine Verdienste um die Naturwissenschaft". Wir wenden uns diesem Buch – ohne seinen Inhalt auch nur im mindesten erschöpfen zu können – deswegen ausführlicher zu, weil sein Erscheinen für die gesamte weitere Lebensgeschichte Zöllners von ausschlaggebender Bedeutung gewesen ist.

Der wissenschaftliche Kern der Zöllnerschen Kometentheorie (Abschnitt 2 des Buches) stellt durchaus einen anerkennenswerten Versuch dar, die bei Kometen beobachteten Phänomene aus den bekannten Naturgesetzen abzuleiten. Zöllner geht von der zutreffenden Annahme aus, daß die im Kometenkern enthaltene Materie bei Annäherung des Kerns an die Sonne zu verdampfen beginnt und so eine Gaswolke bildet. Die Tatsache, daß wir bei den Kometen oft ausgeprägte, stets von der Sonne weggerichtete Schweife beobachten, erklärt Zöllner als ein Phänomen der Elektrostatik. Er geht davon aus, daß während des Verdampfungsprozesses auch eine Aufladung eintritt, wie man bereits aus dem Selbstleuchten der Kometen schließen könne. Er antwortet auf die Frage nach der Ursache des Selbstleuchtens:

Wir kennen bis jetzt nur zwei Ursachen, unter deren Einfluß dies geschieht, nämlich: 1. die Temperaturerhöhung, z. B. beim Verbrennungsprozeß; 2. die elektrische Erregung, z. B. bei dem Ausströmen der Elektrizität aus Spitzen oder ihrem Durchgange durch luftverdünnte Räume. Nur zwischen diesen beiden Ursachen haben wir zu wählen, wenn das Selbstleuchten der Kometen durch bekannte und nicht mit Hilfe von Hypothesen über bisher unserer

Erkenntnis verschlossen gebliebene Eigenschaften der Materie erklärt werden soll. [41]

Er legt dann dar, daß an zerstäubenden Flüssigkeitsmassen elektrische Ladungen festgestellt wurden, die auch beim Verdampfungsprozeß der Substanzen des Kometenkerns denkbar seien:

Auf diese Weise würde sich die Analogie und teilweise Koinzidenz der bisher beobachteten Kometenspektren mit dem Spektrum des elektrischen Funkens in einer Atmosphäre von Kohlenwasserstoffdämpfen erklären. [42]

Doch – und gerade hierin erblickt Zöllner den Vorzug seiner Theorie – gleichzeitig erklärt diese Annahme auch die Entstehung der Schweife, wenn man nämlich eine „elektrische Fernewirkung der Sonne" unterstellt.

Um ... einer solchen Annahme das Befremdende zu rauben ..., mag daran erinnert werden, daß auch unsere Erde, mit Rücksicht auf die überall und stets vorhandene Luftelektrizität, als ein von einer permanent elektrischen Atmosphäre umgebener Weltkörper zu betrachten ist.

Der Schweif entsteht dann zwangsläufig als Folge der „elektrischen Repulsion". Hinsichtlich der quantitativen Verhältnisse bei der Ausbildung des Kometenschweifes betrachtet Zöllner den Unterschied zwischen der „gravitierenden und elektrischen Fernewirkung" und kommt zu dem interessanten Schluß:

Steht ... ein Körper gleichzeitig unter Einfluß der Gravitation und freien Elektrizität eines anderen, so prävaliert bei zunehmender Masse die Gravitation bei abnehmender Masse die Elektrizität als bewegende Kraft. Daher stehen die Kerne der Kometen, als tropfbar-flüssige Massen, unter dem Einfluß der Gravitation, die entwickelten Dämpfe, als Aggregate sehr kleiner Massenteilchen, unter dem Einfluß der freien Elektrizität der Sonne. [43]

Wenn man auch insgesamt sagen muß, daß Zöllner im Prinzip in seiner Kometentheorie nicht wesentlich über die bereits von Bessel formulierten Ansätze hinauskommt, so hat er diese doch dem physikalischen Wissensstand seiner Zeit entsprechend fortentwickelt und somit jedenfalls für seine Zeit zu leisten versucht, was eine Theorie leisten sollte: unter Benutzung anerkannter Naturgesetze alle beobachteten Phänomene zu beschreiben.
Die Zöllnersche Kometentheorie fand für längere Zeit viel Anerkennung und regte zugleich die Auseinandersetzungen über die physikalische Natur der Kometen an. Littrow bezeichnete die Zöllnersche Kometentheorie als von allen anderen „am eingehendsten

unter – wer die bringt, ist ein Lebensspender. [44]

Im übertragenen Sinne gilt von Zöllners Kometentheorie, was W. Foerster bereits früher in einem Brief über dessen Untersuchungen zur Beschaffenheit der Sonne so formuliert hatte: Wenn er auch nicht in allen Einzelheiten mit den Meinungen und Schlußfolgerungen Zöllners übereinstimmen könne, so gebe er doch freudig zu, daß die Zöllnersche „Methode überall gesund und überraschend fruchtbar ist".[45] Und diese Methode ist immer wieder gekennzeichnet von der weltanschaulichen Grundhaltung Zöllners in diesen Jahren, nämlich für die Erklärung aller Naturphänomene auf denjenigen Eigenschaften der Materie aufzubauen, die man aus Untersuchungen in irdischen Laboratorien kennt. Auch im Zusammenhang mit den Kometen beruft er sich bei der Verteidigung dieses Vorgehens auf große Vorgänger, wie Kepler oder Newton, die ebenso vorgegangen seien:

„In unserer Zeit, in welcher man leichtfertig bereit ist, bei Erklärung ... rätselhafte(r) Phänomene zu einer neuen Naturkraft ... Zuflucht zu nehmen, scheint es mir doppelt notwendig, sich durch anschauliche Beispiele" den schlichten und einfachen Charakter großer Denker der Geschichte vor Augen zu führen. So zitiert er z. B. Keplers Darlegungen über den Kometen von 1608 und resümiert:

Berücksichtigt man den damaligen Standpunkt der Verdampfungslehre, so wüßte ich in der Tat nicht, in welchem wesentlichen Punkte diese Anschauungsweise Keplers von der meinigen abweicht. [46]

Doch die Kometentheorie ist nur ein Teil des „Kometen-Buches" und zweifellos der konstruktivste. Die mannigfachen Auseinandersetzungen und Polemiken, in die Zöllner seit dem Erscheinen dieses Buches mehr und mehr verstrickt wurde, haben mit diesem Teil seines Buches nichts zu tun.

Den Unmut zahlreicher Fachkollegen erregten vor allem jene Teile des Buches, in denen sich Zöllner mit dem allgemeinen Wissenschaftsbetrieb seiner Zeit auseinandersetzte, einzelne Kollegen beim Namen nannte und gegen deren Verhaltensweisen zu Felde zog, oft vernichtende Urteile über Naturforscher fällte. Liest man

13 Wilhelm Förster
(Aus: Vierteljahrs-
schrift der Astrono-
mischen Gesellschaft
59 [1924])

diese Teile des Kometenbuches mit den Augen des heutigen Be-
trachters, zumal nach den Erfahrungen der jüngsten Geschichte
in Deutschland, so kommt man leider keineswegs zu dem Urteil,
daß Zöllner damals durchweg berechtigte Mängel aufgegriffen
hat. Vielmehr durchdringen sich in Zöllners im Ton oft unan-
gemessen scharfen Attacken progressive und ausgesprochen re-
aktionäre Elemente in einer merkwürdigen Weise, was eine gene-
relle Einschätzung seiner Darlegungen sehr erschwert. Der zahllosen vorwärtsweisenden philosophischen Hinweise in Zöllners Werk
wurde bereits gedacht.

Doch unmittelbar daneben finden wir peinliche Anflüge eines
Nationalismus, der den verschiedenen Völkern gleichsam unter-
schiedliche Fähigkeiten auf dem Gebiet der Naturwissenschaften
zuschreibt, wobei insbesondere mit den angeblich „deduktiv" ver-
anlagten Engländern scharf ins Gericht gegangen wird. Zugleich
damit wird auch der geniale Physiker Helmholtz angegriffen, der

z. B. gerade ein Werk des Engländers Sir William Thomson in deutscher Sprache herausgegeben und mit einer Einleitung versehen hatte. Formulierungen wie: „Ob wir Deutsche ihm (Thomson) aber für diese 'Gedankenkombinationen' den höchsten Dank schuldig sind, wie Herr Helmholtz in seiner Vorrede uns zumutet...", sind keine Ausnahme. Einen Hinweis des Engländers Tait auf die manchmal geringe Literaturkenntnis der englischen Kollegen kommentiert Zöllner mit den Worten: „Herr Professor Tait wußte nicht, in welchen Abgrund wissenschaftlicher Zerrüttung seines Landes er uns blicken ließ, als er ... öffentlich verkündete ..." usw.[47] *Er* wage zu behaupten, meint Zöllner, daß es in der „ganzen deutschen physikalischen Literatur" nicht ein einziges Lehrbuch gäbe, in dem auf dem „engen Raum von nur dreißig Zeilen eine solche Fülle von absolutem Nonsens" zu finden sei.

Auf die Ursachen dieser Entwicklung eingehend, tadelt Zöllner in scharfen Worten die progressiven Bestrebungen, die Ergebnisse wissenschaftlicher Arbeit auch breitesten Kreisen des Volkes zugänglich zu machen. Durch die Popularisierung der Wissenschaft würden

der Arbeit am Fortschritte der Wissenschaften nicht nur Zeit und Kräfte entzogen, sondern es entwickeln sich auf Grund der menschlichen Eitelkeit auch Bedürfnisse und Eigenschaften des menschlichen Charakters, welche einer hohen Entwicklung des Verstandes eher schädlich als nützlich sind... Der Gelehrte ist durch seine exzeptionelle Stellung in der bürgerlichen Gesellschaft mehr als jeder andere Arbeiter den Gefahren der Eitelkeit ausgesetzt. Er gewöhnt sich daher allmählich daran, den flüchtig und leicht gespendeten Beifall jenem mühevoller und schwerer zu erringendem Lorbeer vorzuziehen, welchen in unverwelklicher Frische nur die Nachwelt auf sein Grab zu legen vermag. [48]

Dem Interessierten im Volke sei es ohnehin leicht gemacht, „sich Belehrung und Aufklärung zu verschaffen, so daß nicht diejenigen behelligt und gefährdet zu werden brauchen, die berufen sind, die Wissenschaft zu *fördern*". Generationen hervorragender Forscher haben inzwischen durch ihre praktische Arbeit bewiesen, daß erfolgreiche Wissenschaftspopularisierung und fruchtbare wissenschaftliche Forschung sich nicht allein keineswegs ausschließen, sondern sogar gegenseitig befruchten können und die Popularisierung wissenschaftlicher Resultate eine erstrangige gesellschaftliche Verpflichtung des Forschers ist.

Doch die bisher zitierten Beispiele sind noch relativ gelinde Beispiele für Zöllners Polemik im Kometenbuch. Um die Auswirkungen dieses Buches zu verstehen, sei noch ein weiteres krasses Beispiel aus dem Buch kurz dargestellt, nämlich „Die Hofmann-Feier zu Berlin". Zöllner referiert hier einen „Bericht über das Festmahl der Deutschen Chemischen Gesellschaft zu Berlin zu Ehren August Wilhelm Hofmann's" und geißelt die darin zum Ausdruck kommende Verherrlichung Hofmanns als „die ersten Zeichen des beginnenden Verfalls Deutscher Sitte in Deutscher

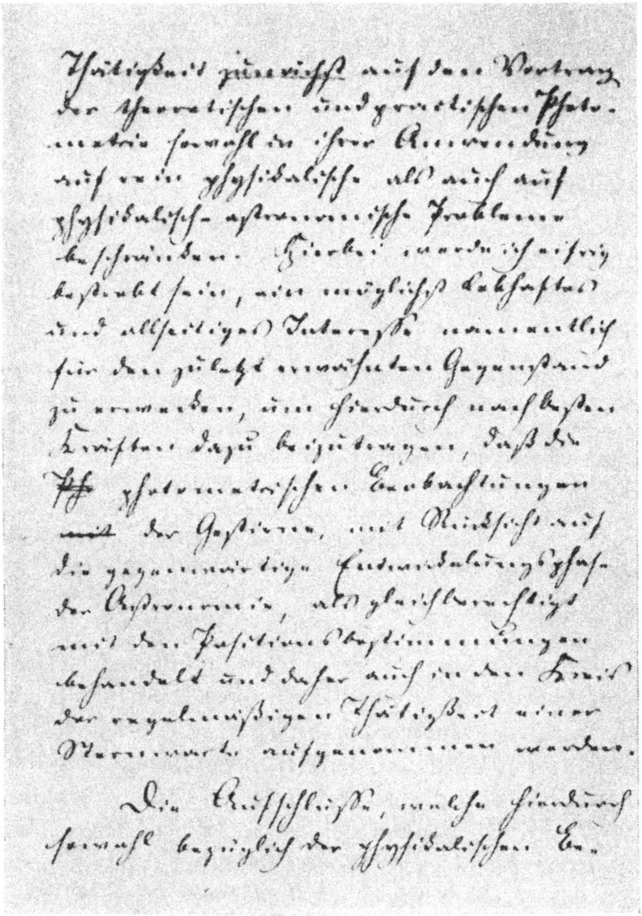

14 Zöllners Handschrift

74

Wissenschaft" und bezeichnet den Ablauf dieser Feier, mehr aber noch den Abdruck der dort gehaltenen Ansprachen, als einen direkten Beweis für den Satz, „daß die Qualität der Verstandesfunktionen durch Eitelkeit beeinträchtigt wird". [49]

Es ist hier nicht möglich, das gesamte Buch zu analysieren. Das Echo auf diese Meinungsäußerungen war jedoch vornehmlich scharf, rief bei den Beteiligten unversöhnliche Verbitterung hervor, wie Zöllners Biograph Koerber vermerkt, und bei den Fernerstehenden skeptisches Kopfschütteln.

Aufschlußreich ist in diesem Zusammenhang die erste Reaktion W. Foersters auf Zöllners Buch, weil es sich hierbei um die Stellungnahme eines ausgesprochenen „Sympathisanten" handelt, der seine Kritik dennoch nicht zu unterdrücken vermochte:

Berlin, den 19. 3. 1872

Dein Buch ist in meinen Augen ein klares Beispiel, daß der Moral-Satz, man müsse so handeln, daß das einzelne Handeln zur allgemeinen Norm werden könne, das Wesen der Sache nicht trifft, sondern eine enge Allgemeinheit ist: Der hohe Ton der Polemik Deines Buches würde unerträglich sein, wenn er von einem gewöhnlichen Kopf herrührte. Er ist aber nicht nur erträglich, sondern vielfach geradezu hinreißend und ergreifend, weil er den Hintergrund eines hochbedeutsamen eigenen Forschens und Denkens hat. Du wirst deshalb so unsäglich verschiedenen Urteilen begegnen, weil ein Teil Deiner Beurteiler die obige Distinktion nicht zuläßt oder nicht begreift und sich bloß fragt, was würde aus der Wissenschaft und dem Leben, wenn solcher Ton der Polemik Mode würde.

Ich muß auch sagen, daß ich beim Lesen Deines Buches hin und hergeworfen worden bin. „Himmelhoch jauchzend, zum Tode betrübt", den einen Tag sehr ungnädig über Dich, den andern Tag dankbar bis zur Rührung. Zöllnerchen, Du bist ein gewaltiger Kerl, aber Du mußt Dir in diesem Sommer eine Pause gönnen, denn sonst wächst Du in zu einsame Höhen empor, in denen die Luft zu dünn und die Mutter Erde, die uns gesund hält, zu fern ist.

Mehreres widerstrebt mir sehr in dem so herrlichen Buche, insbesondere die leider nicht oft genug vermiedene Germanomanie. Ich habe gegen den National-Sinn auf geistigem Gebiete eine unbeschreibliche Abneigung, und ich weiß auch, daß Du nichts weniger als ein deutscher Chauvinist bist, aber es sieht leider in Deinem Buche stellenweise so aus, als ob 1870-71 nicht ohne Einfluß auf die besten Geister Deutschlands geblieben sei. Ich wünschte, Du hättest die Generalisierung einzelner Erscheinungen zu nationalen Übelständen vermieden und diese Generalisierung dem Leser überlassen ...

Nächstens mehr, nimm vorlieb mit dieser Schilderung des ersten Eindrucks und behalte lieb

Deinen alten Foerster. [50]

Zöllner aber verteidigt die Polemik entschieden, indem er darauf verweist, daß ein Stillschweigen zu den von ihm kritisierten Erscheinungen ein Beweis für „Indifferentismus gegen die edelsten Güter der Menschheit" sei und es die Pflicht eines jeden sei, der diese Mängel erkannt hätte, dagegen mit aller Schärfe aufzutreten. [51]

Auch die Germanomanie verteidigt Zöllner gegen Foerster mit dem offenen Eingeständnis, daß die Reichsgründung von 1870/71 eine entscheidende Grundlage seines Buches gewesen sei:

Wenn ich früher von begeisterter Liebe zum Vaterlande sprechen hörte, so klang auch mir das phrasenhaft, aber *nach* 1870 und vollends nach Beendigung meines nicht nur mit dem Kopfe, sondern auch mit dem Herzen durchlebten Buches, fühle ich mich eins mit dem Geiste unseres Volkes und liebe es aufs innigste. [52]

Nochmals kommt Foerster auf das Buch zurück und meint:

Wer solche Dinge von so großen historischen Gesichtspunkten aus beleuchten will der muß die ganze Würde des Richters bewahren, der muß den tiefen, ernsten Ton der ewigen Gesetze, und nicht den hohen, schneidenden Ton der Partei-Leidenschaft annehmen.

Unter Zöllners Freunden waren nicht wenige, die ihre warnende Stimme besonders mit Rücksicht auf Zöllners wissenschaftliches Ansehen erhoben. Zwar gestanden die meisten von ihnen ein, daß Zöllner ernste Mängel des Wissenschaftsbetriebes aufgegriffen hatte, doch hielten sie weder die Art und Weise dieser Kritik noch die daraus resultierenden öffentlichen Urteile für günstig. Insbesondere fürchteten sie – und wie sich zeigte – zu Recht, daß Zöllner nach und nach in eine solche Isolation käme, daß seine wissenschaftliche Produktion darunter leiden würde.

So sorgte sich beispielsweise Otto Struwe, daß die „Schlag auf Schlag" von Zöllner errichteten „himmelanstrebenden Gebäude" „möglicherweise nicht hinlänglich fundiert seien, daß es kaum bei so rascher Arbeit vermieden werden kann, daß das Material hie und da seiner Verwendung nicht entspricht und damit der ganze Bau wackelig wird". Doch diese rasche Produktion, dieses leidenschaftliche Bekenntnis, das ernste Streben nach schonungsloser Auseinandersetzung und die drastische Polemik lagen in Zöllners Natur. Er war eben durch und durch ein ausgesprochener „Romantiker", wenn man der Grobeinteilung der Gelehrten in zwei psychologische Hauptklassen von W. Ostwald folgt. Präzise trifft auf ihn die Ostwaldsche Charakterisierung zu, daß der Romantiker schnell und viel produziere und daher einer Umgebung bedürfe, „welche die von ihm ausgehenden Anregungen aufnimmt".[53] Wir mutmaßen wohl zutreffend, wenn wir die schöpferische Produktion Zöllners als Astrophysiker neben anderem ganz wesentlich denselben psychischen und charakterlichen Eigenschaften zuschreiben, die ihn schließlich auch in die nervenzermürbende Polemik mit seinen in- und ausländischen Kollegen hineintrieben. Dies wird insbesondere deutlich, wenn man die Entgegnungen liest, die Zöllner seinen Kontrahenten zuteil werden ließ und die er im Anhang zur 2. Auflage seines Kometenbuches abdruckte. Gleichzeitig ist den dort wiedergegebenen Zitaten aus verschiedenen Briefen, deren Absender Zöllner jedoch nicht nennt, zu entnehmen, daß man schon damals in verschiedenen Kreisen begann, ihn für nur bedingt zurechnungsfähig zu halten. Helmholtz selbst soll in Berlin geäußert haben, daß man Zöllner gleich nach Erscheinen des Kometenbuches für krank gehalten habe. Um diese Versuche zu stützen, berief man sich auf die Tatsache, daß mehrere von Zöllners Geschwistern in geistiger Umnachtung gestorben seien. Zöllner freilich selbst hatte aus dieser Tatsache nie ein Hehl gemacht und sogar mehrfach – auch in gedruckten Schriften – darauf hingewiesen, daß er stets eine Phiole Gift bei sich führe, um im Falle einer solchen Krankheit seinem Leben selbst ein Ende zu bereiten. Darauf verwies auch Wilhelm Foerster inmitten der tobenden Polemik in einem zutiefst freundschaftlichen Brief:

Aber Du mußt ihnen bald verzeihen, und es auch den Berliner Klätschern nicht übelnehmen, daß sie, ohne recht an das grausam Verletzende ihres Geredes zu denken, einer Auffassung von Deiner Leibes- und Geistesverfassung Ausdruck gegeben haben, die unter zahlreichen Freunden zu verbreiten Du selbst die heitere Sicherheit und den fast heldenhaften Humor gehabt hast.

Es wäre sicher günstig gewesen, die Polemik in dieser Situation ruhen zu lassen und durch gediegene wissenschaftliche Arbeiten jenen Faden mit aller Energie wieder aufzunehmen, der Zöllner in den sechziger Jahren zu großen und ausbaufähigen Erfolgen geführt hatte. Abgesehen von einigen Forschungsprojekten wendete sich Zöllner stattdessen einem neuen Problemkreis zu, der ohnehin schon Gegenstand öffentlicher Auseinandersetzungen war und im Urteil namhafter Fachgelehrter bereits Spott und Verachtung geerntet hatte: dem Spiritismus.

Zöllner, Crookes und das Skalenphotometer

Im September 1875 reiste Zöllner gemeinsam mit Repsold zu einer Studienreise nach London. Dort lernte er den englischen Pionier der Astrophysik William Huggins kennen und durch dessen Vermittlung auch den englischen Physiker und Chemiker William Crookes. Crookes hatte sich bereits eine Reihe hervorragender Verdienste um die Naturwissenschaft erworben. Besonderes Interesse fand bei Zöllner die von Crookes im Vorjahr erfundene „Lichtmühle", ein Drehgesteck aus vier einseitig berußten Glimmerplättchen in einem evakuierten Glasgefäß. Je nach der Intensität der Lichteinwirkung beginnt sich die „Mühle" mehr oder weniger rasch zu drehen. Zöllner interessiert einerseits die Frage nach dem Wirkungsmechanismus dieses Radiometers, andererseits aber auch die praktische Verwendbarkeit von Lichtmühlen für die Zwecke der Fotometrie. Bereits auf der Rückreise von London stattete Zöllner dem bekannten Glastechniker Geißler in Bonn einen Besuch ab, um sich einige Crookesche Apparate herstellen zu lassen. In Leipzig arbeitete Zöllner dann intensiv auf diesem Gebiet weiter und veröffentlichte im Jahre 1877 drei Abhandlungen „Untersuchungen über die Bewegung strahlender und bestrahlter Körper". Auch im ersten Band seiner „Wissenschaftlichen Abhandlungen", der 1878 erschien, beschäftigte er sich ausführlich mit theoretischen und praktischen Fragen der durch Crookes angeregten Probleme. Er kommt zu der Überzeugung, daß die Bewegung nicht durch den entsprechend der Maxwellschen elektromagnetischen Lichttheorie hervorgerufenen Lichtdruck ausgelöst wird. Er diskutiert dann die Frage, inwieweit die kinetische Gastheorie zur Erklärung des Bewegungseffektes herangezogen werden kann. Danach sollten die einseitig berußten Plättchen sich auf den beiden Seiten unterschiedlich erwärmen, so daß die Impulsübertragung der Moleküle des Restgases auf der erwärmten Seite stärker ist als auf der kühleren. Diese Deutung zweifelt Zöllner jedoch an und wendet sich stattdessen der Auffassung zu, daß infolge der Bestrahlung des Apparates elektrische Teilchen aus der Glaswand des Gefäßes ausgelöst werden, die zur Bewegung der Plättchen führen. Seine Auffassung blieb aber recht allgemein. Durch die Ätherschwingungen würden von einem Körper direkt oder indirekt materielle Teilchen in Richtung der Strahlen emittiert, deren Anzahl, Masse und Geschwindigkeit von der Anzahl, Masse und physikalischen sowie chemischen Beschaffenheit der Oberfläche und der Energie und Beschaffenheit der Strahlen abhänge. Diese Ansichten fußen z. T. auf der Weberschen Auffassung über die Konstitution der Materie. Zöllner betrachtete sie als allgemein gültig und zog sie beispielsweise auch für die Deutung kosmischer Phänomene, wie z. B. die elektrische und magnetische Fernwirkung der Himmelskörper aufeinander heran. Zu Recht ist an diesen Auffassungen Zöllners Kritik geübt worden; sie sind unkonkret und zeigen ein Merkmal, das sich auch in zahlreichen anderen Arbeiten Zöllners wiederfindet: Es sind rasch produzierte Ideen, denen aber nicht die fundierte Untersuchung bis in die konkreten Einzelheiten und Konsequenzen folgt.

Im Jahre 1879 veröffentlichte Zöllner als praktische Folge seiner Auseinandersetzung mit dem Radiometer eine Schrift, in der ein Gerät zur Lichtmessung unter Verwendung des Prinzips der Lichtmühle geschildert wird, das Skalenphotometer. Das Radiometerkreuz aus einseitig berußten Plättchen hängt an einem Faden, der am unteren Ende eine Skala trägt. Die infolge Lichteinwirkung eintretende Drehung des Kreuzes wird durch die Torsion aufgefangen und diese wiederum kann an der Skala abgelesen werden.

Verglichen mit dem Zöllnerschen Astrophotometer hat allerdings das Skalenfotometer keine nennenswerte Bedeutung erlangt. Die Reproduzierbarkeit der Resultate war nur ungenügend gewährleistet, und somit war es für wissenschaftliche Meßzwecke nicht geeignet. Andererseits war die Idee eines solchen Fotometers auch nicht originell, sondern schon vorher von anderen geäußert worden. Gelegentlich werden Lichtmühlen auch heute noch zu fotometrischen Zwecken verwendet, und später hat Nichol auf dem Prinzip der Lichtmühle basierend ein recht exakt arbeitendes Fotometer vorgeschlagen.

Der Spiritismus und die „vierte Dimension"

Die bereits erwähnte Englandreise und insbesondere der Kontakt mit Crookes hatte für Zöllner jedoch noch eine andere Folge: Er machte Bekanntschaft mit einigen Phänomenen des Spiritismus, die ihn lebhaft zu interessieren begannen. Der Spiritismus erlebte damals in England eine ausgesprochene Blüte und war zu einer grassierenden Modeerscheinung geworden. Auch namhafte Gelehrte beschäftigten sich mit spiritistischen Phänomenen, unter ihnen Alfred Russel Wallace, Cromwell Varley und William Huggins. Im Jahre 1871 hatte ein Komitee der Londoner Dialectical Society einen ausführlichen Bericht über spiritistische Beobachtungen veröffentlicht und gleichzeitig zur weiteren sorgfältigen Untersuchung der Phänomene aufgefordert. Zu den eifrigsten Verfechtern des Spiritismus in England zählte Crookes, der mit dem Medium D. D. Home arbeitete. Natürlich ging es den Wissenschaftlern um eine exakte Untersuchung ebenso wie um eine Erklärung der beobachteten Phänomene. Sie lehnten solche Annahmen wie die Existenz des Wirkens von den Geistern Verstorbener ab und vertraten stattdessen die Theorie einer „psychischen Kraft", deren Natur und Eigenschaften es zu erforschen gelte. Die Hintergründe für die „spiritistische Welle" um jene Zeit dürften vor allem im sozialen Bereich der Gesellschaft zu finden sein. Es ist darauf hingewiesen worden, daß es insbesondere die mit der rasch fortschreitenden Industrialisierung und Urbanisation verbundene Entfremdung gewesen ist, die zumal in England breiteste Kreise für mystische Phänomene jeder Art, gleichsam als „Kompensation", anfällig machte. Was das starke Interesse zahlreicher Wissenschaftler für diese Phänomene anlangt, so hängt es zweifellos mit der Entwicklung der Naturwissenschaft selbst zusammen. Nachdem diese nämlich die Naturphilosophie mühsam überwunden hatte, bildete sich ein stark dominierender Empirismus als Gegenreaktion heraus, dessen positivstes Element die Abneigung gegenüber Spekulationen sich gerade im Falle des Spiritismus ins Gegenteil zu verkehren begann. Unter der Flagge der vorurteilsfreien empirischen Untersuchung wurden dadurch auch solche Phänomene in den Bereich der exaktwissenschaftlichen Untersuchung einbezogen, die letztlich in der Konsequenz wiederum zu wüstesten Spekulationen führten. In seinem Aufsatz „Die Naturforschung in der Geisterwelt", der allerdings erst 1898 – zwanzig Jahre nach seiner Abfassung – veröffentlicht wurde, weist Friedrich Engels auf diesen Umstand nachdrücklich hin:

Es ist ein alter Satz der in das Volksbewußtsein übergegangenen Dialektik, daß die Extreme sich berühren. Wir werden uns demnach schwerlich irren, wenn wir die äußersten Grade von Phantasterei, Leichtgläubigkeit und Aberglauben suchen nicht etwa bei derjenigen naturwissenschaftlichen Richtung, die, wie die deutsche Naturphilosophie, die objektive Welt in den Rahmen ihres subjektiven Denkens einzuzwängen suchte, sondern vielmehr bei der entgegengesetzten Richtung, die, auf bloße Erfahrung pochend, das Denken mit souveräner Verachtung behandelt und es wirklich in der Gedankenlosigkeit auch am weitesten gebracht hat. [54]

Bei Zöllner allerdings lagen die Dinge anders. Daß er keineswegs einem puren Empirismus anhing, haben wir bereits ausführlich dargelegt. Für Zöllner ergab sich das Interesse an den spiritistischen Phänomenen, die er in früheren Jahren sehr kritisch abgelehnt hatte, aus seiner Beschäftigung mit dem vierdimensionalen Raum. Jedoch gab es in Deutschland zunächst einerseits weder geeignete Medien für entsprechende Untersuchungen noch interessierte Wissenschaftler. A. Aksatow, ein Russe, der 1867 in Deutschland die „Bibliothek des Spiritualismus für Deutschland" und 1874 die Zeitschrift „Psychische Studien" gegründet hatte, lud nun im Jahre 1877 das in England wirkende amerikanische Medium Henry Slade zu Vorführungen nach Berlin ein. Es war die Absicht Aksatows, solche namhaften deutschen Gelehrten wie Helmholtz oder Virchow für die Phänomene zu interessieren, was jedoch nicht gelang. Slade kam auch für kurze Zeit nach Leipzig, bei dieser Gelegenheit entschloß sich Zöllner, einige Phänomene präzise zu studieren und für seine Auffassungen vom vierdimensionalen Raum zu nutzen.
Schon im Kometenbuch hatte Zöllner sich mit Problemen des Raumes beschäftigt, so z. B. in dem Abschnitt „Ueber die Endlichkeit der Materie im unendlichen Raume"[55]. Er beruft sich hierbei auf die Ausarbeitung nichteuklidischer Geometrien durch Gauß, Riemann, Lobatschewski, Helmholtz, Bolyai und Klein. Diese Ideen haben ihn bereits damals ungemein angeregt. In den Gedanken von Riemann z. B. erblickt er eine „Perspektive der fruchtbarsten und tiefsten Spekulationen über die Erklärbarkeit der Welt". Einerseits gehörte Zöllner zu den wenigen Gelehrten seiner Zeit, die sich der fundamentalen Bedeutung der nichteuklidischen Geometrien bewußt waren und hierzu sogar einen eigenen, wenn auch sehr radikalen Standpunkt bezogen und die Entwicklung der Geometrie in ihrem Zusammenhang mit kosmologischen Fragestellungen überblickten.[56] Andererseits sah er gerade hierin auch die Möglichkeit, sich den spiritistischen Phänomenen

wissenschaftlich zu nähern, bzw. diese für die wissenschaftliche Verifikation der „Raumtheorie" zu nutzen.

Zöllner meint z. B., so wie ein gekrümmter zweidimensionaler Raum (z. B. die Kugeloberfläche) gleichermaßen in die dritte Dimension eingebettet ist, könnte auch ein gekrümmter dreidimensionaler Raum in eine vierte Dimension eingebettet sein. Als er nun im Jahre 1874 Kants „Paradoxon der symmetrischen Gegenstände" kennenlernte, in dem sich Kant mit dem Paradox beschäftigte, daß es begrifflich identische Figuren mit anschaulicher Verschiedenheit gäbe (z. B. kongruente Dreiecke in der Ebene, die sich durch Bewegen in der Ebene nicht zur Deckung bringen lassen, obschon sie kongruent sind), kam ihm folgende Idee: Sollte der uns umgebende Raum tatsächlich vierdimensional sein, während sich diese Vierdimensionalität unserer Anschauung entzieht, so könnte es möglicherweise mit Hilfe des Spiritismus gelingen, die tatsächliche Raumkonstitution zu beweisen. Dazu sollten z. B. in einem Kasten eingeschlossene Gegenstände ohne Öffnung des Kastens durch Bewegung in der „vierten Dimension" daraus entnommen werden und an einem anderen Ort wieder auftauchen, so wie man auch kongruente Dreiecke durch Umklappen, d. h. durch Bewegung im dreidimensionalen Raum, zur Deckung bringen kann.

Der Hintergrund des Interesses Zöllners an spiritistischen Phänomenen ist also durchaus legitim im Sinne wissenschaftlicher Forschung. Dies leuchtet unmittelbar ein, wenn man sich die Hauptgedanken seiner Raumtheorie, wie sie unter dem Titel „Über Wirkungen in die Ferne" im ersten Band seiner „Wissenschaftlichen Abhandlungen" dargelegt sind, betrachtet:

1. Zöllner sieht in der Einführung einer vierten Dimension eine Möglichkeit zur Auflösung des Widerspruchs der begrifflichen Kongruenz symmetrischer Körper, die sinnlicher Anschaulichkeit entbehren.
2. Die Suche nach gesetzmäßigen Eigenschaften des Raumes, die der widerspruchsfreien Erklärung von Erscheinungen der objektiven Realität dienen, ist eine folgerichtige Aufgabe der Wissenschaft.
3. Die vierte Dimension identifiziert Zöllner mit dem Kantschen „absoluten Raum" und sieht das Kantsche „Ding an sich" als das reale vierdimensionale Objekt an, das mit den in unserer dreidimensional erfaßten Welt vorhandenen Körpern in einem Kausalverhältnis von der Art eines Projektionsverfahrens steht.

So kam Zöllner schließlich dazu, sich experimentell mit spiritistischen Phänomenen zu beschäftigen, sie als naturwissenschaftlich geschulter Experimentator zu untersuchen in der festen Überzeugung, daß ein Gelingen seiner Experimente hinsichtlich der Erweiterung unserer Raumanschauung eine wahre Revolution in der Naturwissenschaft und Philosophie hervorrufen würde. Zöllner erblickte hierin die „empirischen Fundamente einer neuen, in der Bildung begriffenen Wissenschaft",[57] die er – einem Vorschlag des Philosophen Immanuel Fichte folgend – als „Transzendentalphysik" bezeichnete. Die allgemeine Motivation ist also derjenigen sehr ähnlich, die Zöllner auch bei der Begründung der Astrophysik stimuliert hatte. Es ist folglich nicht im geringsten daran zu zweifeln, daß er subjektiv die Phänomene der „Transzendentalphysik" in demselben Geist und mit derselben Haltung verfolgte, wie seine großartigen astrophysikalischen Forschungen.

Angesichts der scharfen Reaktionen der wissenschaftlichen Öffentlichkeit und seiner Fachkollegen fühlte er sich sogar veranlaßt, im dritten Band seiner „Wissenschaftlichen Abhandlungen" anstelle der vorgesehenen astrophysikalischen Abhandlungen aus anderthalb Jahrzehnten diese „Transcendentale Physik" auf fast 800 Seiten emphatisch vorzustellen. Zöllner setzt sich hier wiederum in scharfer Form mit den Gegnern des Spiritismus auseinander, schildert seine mannigfachen Experimente und widmet das gesamte Werk William Crookes „Mit dem Gefühle aufrichtiger Dankbarkeit und Anerkennung Ihrer unsterblichen Verdienste um die Begründung einer neuen Wissenschaft".

Betrachtet man die Versuche Zöllners unvoreingenommen, so kann man natürlich keineswegs behaupten, daß er den von ihm selbst beabsichtigten Zweck damit erreichte, erst recht nicht, wenn man den von ihm postulierten Satz hinzuzieht, daß die eigentliche Ursache der Erscheinungen nicht im Medium, sondern in unsichtbaren, intelligenten, vierdimensionalen Wesen zu suchen sei, die er dann auch wieder als Kräfte im Sinne der Physik betrachtete, die zur Magnetisierung der Materie führen können. Zum anderen hat sich später herausgestellt, daß sein Medium, der Amerikaner Henry Slade, ein raffinierter Betrüger war. Daß er Zöllners Forderungen dennoch nicht immer zu erfüllen verstand, begründete Zöllner mit Schwankungen der „anormalen organischen Funktion" des Mediums, die zur Vermittlung solcher Erscheinungen nötig sei.

Wissenschaftlich erwiesen sich also Zöllners mit viel Aufwand betriebenen und mit beinahe noch größerem Aufwand verteidigten Aktivitäten als ein totales Fiasko. Nachhaltiger aber wirkte sich der Schaden aus, den Zöllners Ansehen im Kreise seiner Fachkollegen erlitt. Um Zöllners Experimente rankten sich jahrelange, teils mit extremer Heftigkeit geführte Kontroversen. In der Presse wurde einerseits der Sensationswert des Themas bis ins letzte ausgebeutet, andererseits grob gegen Zöllner polemisiert. Die Experimente wurden als „läppischer Blödsinn" oder „koboldartiger Hokuspokus" bezeichnet. Fachleute ersten Ranges, wie Helmholtz, Virchow, Haeckel und du Bois-Reymond, nahmen zu Zöllners Veröffentlichungen Stellung, wobei die Tendenz vorherrschte, sich von seinen „Verirrungen" zu distanzieren. Lediglich einige Kreise der Kirche frohlockten über die Aufmerksamkeit von Naturforschern gegenüber dem Spiritismus. Hatten sie zunächst in diesem neuen Geisterglauben eine Gefährdung des Einflusses der Religion gesehen, so lobten sie jetzt die „vorurteilsfreie Untersuchung" durch Zöllner und drückten ihre Freude darüber aus, daß dem „stoffvergötternden Materialismus" seit kurzem „im Heerlager der bisher ihm ergebenen Naturforscher selbst eine nicht zu verachtende Gegnerschaft" erwachsen sei.[58] Lediglich über die „vierdimensionalen Wesen" lamentierten die Theologen, weil diese als Geister im Sinne der Bibel aufzufassen und daher abzulehnen seien.

Anerkannte Fachgelehrte, die Zöllners spiritistische Wendung bei eigner Ablehnung solcher Aktivitäten ausgewogen bewerteten, gab es verständlicherweise kaum. Eine Ausnahme bildete in dieser Hinsicht der bedeutende Mathematiker und Mathematikhistoriker Felix Klein. Mitte der siebziger Jahre selbst noch ein junger Mann, berichtete er Zöllner während eines wissenschaftlichen Gesprächs über verknotete geschlossene Raumkurven, die sich in einem angenommenen vierdimensionalen Raum durch bloße Verzerrung lösen ließen. Zöllner nahm diese Bemerkung mit einem ungewöhnlichen Enthusiasmus auf, weil er nun ein Mittel in der Hand zu haben glaubte, die Existenz der vierten Dimension zu beweisen. In seinen „Vorlesungen über die Entwicklung der Mathematik im 19. Jahrhundert" würdigte Klein, wenn auch posthum, die Zöllnerschen Leistungen dessen ungeachtet angemessen unter Hinweis auf seine zahlreichen wissenschaftlichen Verdienste. Das Verhäng-

nis der letzten Lebensjahre Zöllners führte Klein – wohl nicht
ganz zu Unrecht – auf den Hang Zöllners zurück, „sich voll Lei-
denschaft auf die Seite der von Tradition oder Mode unterdrück-
ten oder bedrohten freien Meinung zu stellen", eine Eigenschaft,
die Zöllner mit „Phantasie und Gereiztheit gegen vermeintliche
Vorurteile" verband. [59]

Die philosophischen Konsequenzen, die mancherorts aus den spiritistischen Umtrieben gezogen wurden, veranlaßten schließlich
auch Friedrich Engels, in seinem schon erwähnten Aufsatz „Die
Naturforschung in der Geisterwelt" gegen den Spiritismus zu Felde zu ziehen. Was wunder, wenn auch Zöllner dabei gehörig attak-
kiert wird und Engels schließlich feststellt:

Es zeigt sich hier handgreiflich, welches der sicherste Weg von der Naturwissenschaft zum Mystizismus ist. Nicht die überwuchernde Theorie der
Naturphilosophie, sondern die allerplatteste, alle Theorie verachtende,
gegen alles Denken mißtrauische Empirie. [60]

Gewiß trifft gerade dieser Vorwurf auf Zöllner am wenigsten zu,
denn paradoxerweise geht Zöllner im Hinblick auf die Rolle der
Theorie in der Naturwissenschaft mit Engels völlig konform. Dies
war einerseits Engels nicht bekannt, zum anderen änderte es nichts
am objektiven Inhalt der Zöllnerschen Aktivitäten auf dem Gebiet des Spiritismus.
Wiederum waren es einige seiner innigsten alten Freunde, die mit
großem Bedauern von dieser Entwicklung sprachen, so z. B. Struwe, wenn er schrieb, es sei zu bedauern,

wenn ein mit Recht so hochgeehrter Name, wie der Ihrige, den Deck-
mantel für Taschenspielerkunststücke abgibt und damit den unter weniger
kräftigen Geistern so weit verbreiteten Wahnvorstellungen eine Stütze bie-
tet. [61]

Fortführung wissenschaftlicher Arbeiten
Die letzten Jahre

Trotz der mit dem Erscheinen des Kometenbuches und des dritten Bandes der „Wissenschaftlichen Abhandlungen" verbundenen Aufregungen und dem daraus erwachsenen umfangreichen Briefwechsel führte Zöllner auch seine wissenschaftlichen Untersuchungen weiter. Insbesondere zwei große Problemkreise beschäftigten ihn damals: der Magnetismus der Erde und der kosmischen Körper sowie die Konstitution der Materie.

Eine umfassende Abhandlung über den Erdmagnetismus stammt bereits aus dem Jahre 1871. Den Ursprung des Erdmagnetismus erblickt Zöllner dabei in den Strömungen des flüssigen Erdkerns, wobei durch Reibung elektrische Ströme entstehen sollen. Heute gilt es als allgemein gesichert, daß der Magnetismus der Erde durch einen Dynamomechanismus hervorgerufen wird. Zöllners Theorie gab seinerzeit Veranlassung zu Versuchen über die durch Gleitreibung verursachten elektrischen Ströme und war insofern unmittelbar fruchtbar.

Daneben beschäftigte sich Zöllner mit dem Ausbau des elektrodynamischen Grundgesetzes seines Freundes W. Weber gegen das „Potentialgesetz" von Helmholtz. Zöllner trug sich bei diesen Untersuchungen sogar mit der Hoffnung, das Newtonsche Gravitationsgesetz als einen Spezialfall des elektrischen Grundgesetzes von Weber aufzeigen zu können. Die Gravitation sollte gleichsam einen Rest ungleich großer elektrostatischer Wechselwirkungen darstellen. Diese Ansicht bildete einen Hauptinhalt seiner Schrift „Prinzipien einer elektrodynamischen Theorie der Materie", die er Weber zum 50jährigen Doktorjubiläum widmete. Zugleich polemisierte er dabei gegen die Maxwellsche Lehre vom Licht. Obwohl er sich dabei letztlich ins Unrecht setzte, zeigen die Untersuchungen doch seinen ausgeprägten Sinn für grundlegende Fragestellungen in der Physik.

Gemeinsam mit Wilhelm Weber unternahm er schließlich eine umfangreiche Reihe elektrodynamischer Widerstandsmessungen in absoluten Maßeinheiten.

„Wissenschaftlichen Abhandlungen" zu, der nun seine wesentlichsten Arbeiten zur Astrophysik zusammenfaßte, aber auch eine Fülle von zuvor nicht publizierten Beiträgen und Ergänzungen enthält. Angesichts der zahllosen Anfeindungen in jenen Jahren, zögerte Zöllner auch nicht, seine eigene Rolle in der Frühgeschichte der Astrophysik an Hand von Originaldokumenten sichtbar herauszustellen, was ihm von seinen Feinden natürlich als maßlose Eitelkeit ausgelegt wurde.

Leider ließ er auch im Jahre 1880 noch einige polemische Schriften erscheinen, die ihn schließlich vollends ins Abseits führten. Die beiden Titel „Das deutsche Volk und seine Professoren, eine Sammlung von Citaten ohne Kommentar" und „Zur Aufklärung des deutschen Volkes über Inhalt und Aufgabe der wissenschaftlichen Abhandlungen von Friedrich Zöllner" führten zu einer offiziellen Beschwerde des akademischen Senats der Leipziger Universität gegen Zöllner beim Kulturministerium. Der Minister verlangte von Zöllner eine Rechtfertigung, die er jedoch erst etwa ein Jahr später, im März 1881, nach mündlicher Aufforderung abfaßte. Der Minister hatte Zöllner sogar den Vorschlag unterbreitet, er solle sein Amt freiwillig niederlegen und sich jeder weiteren Polemik enthalten, er würde für diesen Fall eine Pensionierung mit vollem Gehalt erwarten können. Zöllner indessen nutzte die Aufforderung, sich zu rechtfertigen, zu neuen scharfen Angriffen gegen seine Feinde, wobei er auch den Minister selbst nicht verschonte. Dessen Vorgehen bezeichnete er als gesetzwidrig, da er ihn habe durch Einschüchterung und Drohung daran hindern wollen, von seinem Recht auf freie Meinungsäußerung Gebrauch zu machen. Obendrein ließ er diesen Report auch noch als „Bericht über die akademische Verwaltung der Universität Leipzig" drukken.

In den ersten Monaten des nun angebrochenen Jahres 1882 äußerte er gegenüber den wenigen ihm verbliebenen Freunden, zu denen neben Scheibner und Carl Neumann auch der Astronom Weinek gehörte, er wolle sich fortan wieder ungestört der wissenschaftlichen Arbeit widmen. Dafür spricht auch der von ihm ausgearbeitete Plan zu einer umfangreichen Beobachtungsreihe mit seinem Fotometer. Doch inmitten dieser Pläne starb Zöllner am Morgen des 25. April 1882. Man fand ihn an seinem Schreibtisch

sitzend vor einem Manuskript der Vorrede zur dritten Auflage
seines Kometenbuches. Angesichts der Plötzlichkeit seines Todes
fehlte es nicht an Gerüchten über ein freiwilliges Ende seines
Lebens. Doch hat sich diese Behauptung nicht erhärten lassen.
Vielmehr zeigte Zöllner, der Zeit seines Lebens als Junggeselle
und in den letzten Jahren mit seiner Mutter lebte, in häuslichem
Kreis stets eine ausgeglichene und heitere Laune, die ihn auch in
Zeiten bitterster Fehden nicht verließ. An seinen Jugendfreund
Barentin hatte er noch 1881 geschrieben:

Der Humor ist eine köstliche Mitgift für die Lebensreise. und ich freue
mich, daß derselbe mein treuer Begleiter ist. wenn ich mich mit meinen
Feinden herumschlage. [62]

Chronologie

1834 8. 11. Geburt in Berlin.

1847 Eintritt in die Quinta des Köllnischen Realgymnasiums in Berlin.

1853 Tod des Vaters.

1855 Immatrikulation an der Berliner Universität.

1857 Erste Veröffentlichung über Fotometrie in „Poggendorffs Annalen".

1857 Übersiedlung nach Basel.

1858 Dez., Promotion in Basel „Photometrische Untersuchungen, insbesondere über die Lichtentwicklung galvanisch glühender Platindrähte".

1859 Okt., Rückkehr nach Berlin.

1861 Erscheinen der „Grundzüge einer allgemeinen Photometrie des Himmels".

1862 Übersiedlung nach Leipzig.

1865 Habilitation in Leipzig „Photometrische Untersuchungen; insbesondere über die relative Lichtstärke der Mondphasen etc.".

1866 Außerordentliche Professur für physikalische Astronomie an der Universität Leipzig.

1868 Erste Vorlesungen über Astrophysik.

1869 Konstruktion des Reversionsspektroskopes und des Protuberanzenspektroskopes. Ernennung zum Mitglied der Sächsischen Gesellschaft der Wissenschaften.

1870 Erscheinen des Buches „Die Natur der Kometen", Beginn der polemischen Epoche.

1872 Ordentliche Professur.

1875 Studienreise nach England. Begegnung mit Crookes.

1876 „Theorie des vierdimensionalen Raumes" und Beginn der experimentellen Untersuchung spiritistischer Phänomene.

1878 Bd. 1 und 2 der „Wissenschaftlichen Abhandlungen" erscheinen.

1879 Entwicklung des Skalenfotometers.
Bd. 3 der „Wissenschaftlichen Abhandlungen" über Transzendentalphysik erscheint.

1881 Bd. 4 der „Wissenschaftlichen Abhandlungen" erscheint.

1882 25. 4., Tod in Leipzig.

Literatur

[1] F. W. Bessel: Populäre Vorlesungen über wissenschaftliche Gegenstände. Hrsg. v. H. C. Schumacher. Hamburg 1848. S. 413 f.

[2] F. Koerber: Karl Friedrich Zöllner (= Sammlung populärer Schriften herausgegeben von der Gesellschaft Urania zu Berlin No. 53). Berlin 1899.

[3] J. Hamel: Karl Friedrich Zöllner. Versuch einer Analyse seiner philosophischen Position. Mitt. d. Archenhold-Sternwarte Nr. 129. Berlin-Treptow 1977.

[4] D. B. Herrmann: Ein eigenhändiger Lebenslauf von Karl Friedrich Zöllner aus dem Jahre 1864. Mitt. d. Archenhold-Sternwarte Nr. 97. Berlin-Treptow 1974.

[5] K. F. Zöllner: Photometrische Untersuchungen. Annalen der Physik und Chemie 109 (1860) 244–275.

[6] K. F. Zöllner: Wissenschaftliche Abhandlungen Bd. 4. Leipzig 1881. S. 724.

[7] K. F. Zöllner: Briefe an E. Hagenbach. Hagenbachsches Familienarchiv Basel (Dr. R. Kaufmann).

[8] H. Seeliger: Bemerkungen zu Zöllners „Photometrische Untersuchungen". Vjschr. d. Astrom. Ges. 21 (1886) 216 ff.

[9] Siehe [6], S. 577 f.

[10] Ebd., S. 597.

[11] K. F. Zöllner: Photometrische Untersuchungen mit besonderer Rücksicht auf die physische Beschaffenheit der Himmelskörper. Leipzig 1865. S. 300.

[12] Ebd.

[13] Archiv der Karl-Marx-Universität zu Leipzig. Professorenakte Zöllner.

[14] Siehe [6], S. 707.

[15] K. F. Zöllner: Briefe an Struwe. Archiv der Akademie der Wissenschaften der UdSSR. Leningrader Abteilung. Nachlaß Struwe. Vgl. D. B. Herrmann: Zöllner in seinen Beziehungen zu O. W. Struwe und Rußland. Die Sterne 53 (1977) 226 ff.

[16] Siehe [6], S. 711.

[17] Ebd., S. 716.

[18] B. Förster: Friedrich Zöllner. Bayreuther Blätter 5 (1882) S. 363.

[19] [6], S. 35.

[20] K. F. Zöllner: Über die Natur der Cometen. Beiträge zur Geschichte und Theorie der Erkenntnis. Leipzig 1872. S. 429.

[21] Ebd., S. 482.

[22] Marx/Engels-Werke, Bd. 20. Berlin 1968. S. 316.

[23] H. C. Vogel: Spectralanalytische Mitteilungen. Astronomische Nachrichten 84 (1874) Sp. 113.

[24] [6], S. 543.

[25] Vgl. zu weiteren Einzelheiten D. B. Herrmann: Zur Vorgeschichte des Astrophysikalischen Observatoriums Potsdam (1865–1874). Astronomische Nachrichten 296 (1975) 245 ff.

[26] [6], S. 544.

[27] W. I. Lenin: Materialismus und Empiriokritizismus. Berlin 1959. S. 344.

[28] [20], S. 305.

[29] Ebd., S. 377.

[30] Ebd., S. 370.

[31] Ebd., S. 175/176.

[32] Ebd., S. 189.

[33] Ebd., S. 228.

[34] [11], S. 214.

[35] Ebd., S. 208.

[36] K. F. Zöllner: Wissenschaftliche Abhandlungen, Bd. 1. Leipzig 1878. S. 369.

[37] [20], S. 365.

[38] K. F. Zöllner: Wissenschaftliche Abhandlungen, Bd. 3. Leipzig 1879. S. 571.

[39] Ebd., S. 39.

[40] Ebd., S. 612.

[41] [20], S. 111.

[42] Ebd., S. 115.

[43] Ebd., S. 116.

[44] Zit. nach [2], S. 47.

[45] W. Förster an K. F. Zöllner. Brief v. 6. 6. 1871. Sammlung Darmstädter. Deutsche Staatsbibliothek Berlin (Staatsbibiliothek Preußischer Kulturbesitz, Westberlin).

[46] [20], S. 133.

[47] Ebd., S. LV.

[48] Ebd., S. LVII und LIX.

[49] Ebd., S. 246.

[50] Zit. nach [2], S. 52.

[51] Ebd., S. 53.

[52] Ebd., S. 68.

[53] W. Ostwald: Große Männer. Leipzig 1910. S. 375.

[54] Marx/Engels-Werke, Bd. 20. Berlin 1968. S. 337.

[55] [20], S. 229 ff.

[56] H.-J. Treder: Kosmologie und kosmologische Paradoxa (= Vorträge und Schriften der Archenhold-Sternwarte Nr. 43). Berlin-Treptow 1972.

[57] [38], S. XXIV.

[58] F. Luttenberger: Friedrich Zöllner und der vierdimensionale Raum. Zeitschr. f. Parapsychologie u. Grenzgeb. d. Psychologie 19 (1977) 195 ff.

[59] Vgl. F. Klein: Vorlesungen über die Entwicklung der Mathematik im
     19. Jahrhundert (= Die Grundlehren der mathematischen Wissen-
     schaften in Einzeldarstellungen, Bd. XXIV). Berlin 1926. S. 169.
[60] Marx/Engels-Werke, Bd. 20. Berlin 1968. S. 345.
[61] [2], 345.
[62] Ebd., S. 97.
[63] H. Leihkauf: J. K. F. Zöllner und der physikalische Raum. NTM-
     Schriftenreihe für Gesch. d. Naturwiss., Technik und Medizin 19 (1982)
     im Druck.

Hinweis

Eine Bibliographie sämtlicher Veröffentlichungen von Karl Friedrich Zöllner erschien als Nr. 10 der „Veröffentlichungen der Archenhold-Sternwarte".
Die Zusammenstellung besorgte J. Hamel. Die Veröffentlichung steht In-
teressenten auf Anforderung zur Verfügung.

Personenregister

Neu in der Reihe

Biographien hervorragender Naturwissenschaftler, Techniker und Mediziner

erschienen 1981

Band 50

Dr. Renate Tobies, Leipzig
unter Mitwirkung von Fritz König, Leipzig

Felix Klein

104 S. mit 12 Abb. 6,80 M

Bestell-Nr. 666 026 6   Bestellwort: Tobies, Klein

Felix Klein ist einer der faszinierendsten Mathematiker des vergangenen Jahrhunderts. Neben hervorragenden mathematischen Fähigkeiten besaß er ausgezeichnete organisatorische Talente. Auf vielen Gebieten der Mathematik hat er Bedeutendes geleistet. Sein sogenanntes „Erlanger Programm" ist in die Geschichte der Mathematik eingegangen.

Band 56

Dr. Rüdiger Thiele, Halle

Leonhard Euler

192 S. mit 33 Abb. 9,60 M

Bestell-Nr. 666 045 0   Bestellwort: Thiele, Euler

Leonhard Euler ist nicht nur einer der größten Mathematiker, sondern gleichfalls einer der schöpferischsten Menschen überhaupt. Die Biographie beschreibt detailliert seine Lebensumstände sowie sein Wirken in Berlin und Petersburg und zeigt die bahnbrechenden Erkenntnisse Eulers auf.

Alle Bände sind kartoniert und haben das Format 12 × 19 cm.

BSB B. G. TEUBNER VERLAGSGESELLSCHAFT